和谐校园文化建设读本

茶事录

吕 臣/编写

吉林出版集团股份有限公司

吉林教育出版社

图书在版编目（CIP）数据

茶事录／吕臣编写. — 长春：吉林教育出版社，
2012.6（2022.10 重印）
（和谐校园文化建设读本）
ISBN 978 - 7 -5383 -8778 -0

Ⅰ.①茶… Ⅱ.①吕… Ⅲ.①茶—文化—中国—青年
读物②茶—文化—中国—青年读物 Ⅳ.①TS971-49

中国版本图书馆 CIP 数据核字（2012）第 116030 号

茶事录
CHASHI LU

吕　臣　编写

策划编辑	刘　军　　潘宏竹	
责任编辑	尹曾花	**装帧设计**　王洪义

出版　吉林出版集团股份有限公司（长春市福祉大路5788号　邮编 130118）
　　　　吉林教育出版社（长春市同志街1991 号　邮编　130021）
发行　吉林教育出版社
印刷　北京一鑫印务有限责任公司
开本　710 毫米×1000 毫米　1/16　　**印张**　11　　**字数**　140 千字
版次　2012 年6 月第1 版　　**印次**　2022 年10 月第2 次印刷
书号　ISBN 978 - 7 -5383 -8778 -0
定价　39.80 元

编　委　会

主　　编：王世斌

执行主编：王保华

编委会成员：尹英俊　尹曾花　付晓霞

　　　　　　刘　军　刘桂琴　刘　静

　　　　　　张　瑜　庞　博　姜　磊

　　　　　　潘宏竹

　　　　　　（按姓氏笔画排序）

总 序

千秋基业，教育为本；源浚流畅，本固枝荣。

什么是校园文化？所谓"文化"是人类所创造的精神财富的总和，如文学、艺术、教育、科学等。而"校园文化"是人类所创造的一切精神财富在校园中的集中体现。"和谐校园文化建设"，贵在和谐，重在建设。

建设和谐的校园文化，就是要改变僵化死板的教学模式，要引导学生走出教室，走进自然，了解社会，感悟人生，逐步读懂人生、自然、社会这三本大书。

深化教育改革，加快教育发展，构建和谐校园文化，"路漫漫其修远兮"，奋斗正未有穷期。和谐校园文化建设的研究课题重大，意义重要，内涵丰富，是教育工作的一个永恒主题。和谐校园文化建设的实施方向正确，重点突出，是教育思想的根本转变和教育运行机制的全面更新。

我们出版的这套《和谐校园文化建设读本》，既有理论上的阐释，又有实践中的总结；既有学科领域的有益探索，又有教学管理方面的经验提炼；既有声情并茂的童年感悟；又有惟妙惟肖的机智幽默；既有古代哲人的至理名言，又有现代大师的谆谆教诲；既有自然科学各个领域的有趣知识；又有社会科学各个方面的启迪与感悟。笔触所及，涵盖了家庭教育、学校教育和社会教育的各个侧面以及教育教学工作的各个环节，全书立意深邃，观念新异，内容翔实，切合实际。

我们深信：广大中小学师生经过不平凡的奋斗历程，必将沐浴着时代的春风，吸吮着改革的甘露，认真地总结过去，正确地审视现在，科学地规划未来，以崭新的姿态向和谐校园文化建设的更高目标迈进。

让和谐校园文化之花灿然怒放！

本书编委会

目 录

茶道茶艺

品茗听壶

茶史觅踪

茶的历史

概　　述

　　茶，是中华民族的举国之饮。发于神农，闻于鲁周公，兴于唐朝，盛于宋代。中国茶文化糅合了中国儒、道、佛诸派思想，独成一体，是中国文化中的一朵奇葩，芬芳而甘醇。

　　茶叶，对于我们中国人来说是一种极为普通的饮料，是所谓"开门七件事"即"柴米油盐酱醋茶"之一，这说明了它与日常生活有须臾不离的关系。曾几何时，茶叶从七件事中凸现出来，开始走入"文化"之列，于是它变得既俗又雅、既野又文；既能解渴疗疾，又可悦目赏心，受

到了世人的欣赏和青睐。

恰恰就是介入了"欣赏"这一具有文化意义的行为，茶所具有的色、香、味、形，又被赋予了更浓厚的文化色彩。在文人们的眼里和口中，一杯清茶可见到大千世界的斑驳色彩，可品味短暂人生的辛酸欢愉，并为之歌颂吟唱、泼墨运毫——茶之艺文，缘此产生。

在中国历史上，曾出现过的茶叶艺文形式，主要包括诗词、曲赋、书画、楹联、金石篆刻、民间传说、工艺美术、歌舞、戏剧、小说、散文，乃至当代的电影、电视、录像等等。在这些艺术形式中，有些是交叉和相互关联的，如诗词与楹联，楹联与书法，绘画与诗词……楹联多由诗句组成，或直接截取一首或两首诗中的句子构成，而楹联又多出于名胜古迹中的亭台楼阁，所以它又离不开书法艺术的二度创作，可谓"你中有我，我中有你"。书法与诗文也是同样，古代的诗人多用毛笔书写，而不少著名的诗人，同时又有一手好书法，其诗文稿件就是一件书法作品。在书法家们的自觉创作中，他们又多喜欢写一些好的诗文，于是以书法为载体，这些诗文便得以流传下来，亦书亦文，合璧同辉。还有许多绘画作品也是根据已有的诗歌来创作的，如《卢仝煮茶图》是根据唐人卢仝《走笔谢孟谏议寄新茶》一诗的内容而创作的。有时，一件作品完成后，为了使画面的意蕴更加深邃而耐人寻味，便在上面题上诗文，收"画龙点睛"之效，如宋金时期冯璧的《东坡海南烹茗图诗》、元代袁桷的《煮茶图诗》等，画虽已绝迹而诗犹存，更增加了人们对绘画内容的兴趣，并能在欣赏中体会到一种"悬念"的意味。这些诗的创作都是缘画而生的。应该说，诗文题跋对绘画作品的意境及欣赏的影响是巨大的，同时，绘画作品对诗文的创作也有很大的激发力。

茶叶艺文的形式是众多的，几乎遍及所有的艺术门类，但各种形式的作品数量是不平衡的。根据现存的作品来分析，以抽象艺术为多，具象艺术为少；语言艺术为多，造型艺术为少。这种作品形式和门类的不平衡与茶这一被表现对象的特性有很大的关系。

茶叶的形象，就其外观而言，显得非常简单并缺乏出众的特征，如与其他树木生长于园中，在画面上简直难以表现出来。就茶树的芽叶来看，也缺少显著的特征，相似的树叶比比皆是。如制成的成茶，多是散茶，虽可以呈现千姿百态，但由于变化太细微，而且多以群体的形象出现，并因群体间的密度和同一性，又抵消了茶叶个体的特殊性。于是，在画面上只能产生一堆绿油油的东西，欣赏者会感到不知所云；如果是饼茶，形状特殊性是明显了，如花瓣、方块、团饼、玉璧等等，但这样一来，茶叶的外形又与其他物品接近了距离，欣赏者极易发生认识上的偏差和误会。举个例子，如果我们将宋人《北苑贡茶录》中的插图抽取出来，并隐去图中的说明性文字，则很容易被认为是砖头或木块及玉石之类的东西。所以，就茶叶的外观看，要作为一种具象性的题材来表现的话，将是十分的不讨好。因为对造型艺术来说，外表越简单，变化就越少，特征越是不明显，其神韵的表现难度也就越大。因此，虽然历史上有以茶为题材的绘画作品，但绝少是直接画"茶叶"的，而是采用转弯抹角的办法画"茶事"、"茶具"。因而在直接表现茶的色、香、味、形上，具象艺术有一定的局限性，这种局限性必须要通过一定的艺术手法或借助于语言艺术（如题跋）来得以完善。

茶叶外形简单但内涵丰富，茶叶的内涵包括物质内涵和精神内涵。其物质内涵为茶叶外形、色泽以及经冲泡后出现的滋味、香气、汤色等，每项因子中又包含着各种具体的差异，滋味有甘醇、苦涩之分，香气有浓烈、清郁之差，汤色又有青白黄红之别……。其精神内涵则主要包括茶饮的象征意义，如茶学的老祖宗陆羽，有隐居不仕，遁迹江湖之事，茶便带上了一层"隐逸"的意趣；又如茶在佛寺庙宇中的特别地位，又产生了"茶禅一味"之说；再如"清廉、平和、冲淡、雅致"等等，不一而足。此外，因作者的生活经历和社会背景等因素，物质内涵也能转化成精神内涵。茶之物质内涵和精神内涵，很难用具体的形象确切地表达出来。因此，作为语言艺术的诗词、文赋等文学形式，当仁不让地大显身手了。

茶叶艺文作品的形式繁多,内容丰赡,历数千年而积累下来的作品,已成为当今研究茶史的绝好材料。如早于陆羽《茶经》的一封唐人信札,可以毫不费劲地推翻"自陆羽著《茶经》,茶始减一画而成茶"的传统观点;再如汉代印章艺术中"茶"字的出现,可以证明"茶"字的简化,并非始于唐代;李太白的一首《答族侄僧中孚赠玉泉仙人掌茶并序》诗,为第一首咏名茶诗,有人认为是"晒青"的最早记录,通过诗中所描述的制法、品质、出处、功用,可以见证唐代这一名茶的生产;刘禹锡的《西山兰若试茶歌》中"自傍芳丛摘鹰嘴","斯须炒成满室香"等句,成为"炒青"绿茶始于唐代的有力佐证。从一些"斗茶图"、"烹茶图"中,可以真切地看到当时的茶饮器具和方法等。因而,在茶史研究中,引用茶叶艺文中的有关内容作为论证的材料是一种普遍现象,这充分体现出茶叶艺文在茶史研究中的"资料库"作用及其重要的学术价值。

茶叶文化的发展,与历代艺术家的参与密不可分。单纯的茶叶生产和单一的品饮功能,并不能构成茶叶文化这一学科,只有赋予茶叶以审美上的意义,将茶饮从解渴疗疾的日常生活层面上升至精神寄托的高度,这样,茶叶文化才能得以产生和发展。茶叶艺文就是历代文人、艺术家们这种努力的结果和见证。这些艺文作者的身份包括官员、诗人、画家、作家、隐士、僧人乃至工匠。同样的茶,同样的饮法,在他们的作品中出现的形象则是千姿百态、各臻其妙。

茶叶文化因各社会阶层的不同而显示出不同的特点和表现方式,在整个历史过程中,又因各时代的大文化背景和政治、经济等背景的差异而不相同。这种背景的影响,折射在茶叶艺文作品中,也表现出它的时代性来。像唐代张萱、周昉的一些仕女画中,多描写茶饮的宫廷气氛,这是由于作者多为御用画家,接触到的多为上层阶级人物,不可能出现诸如后来元、明、清时代的画家们创作的"山林气"十足的"烹茶图"。在宋代文人们的诗词唱和与手札往来中,可以看到宋代团饼贡茶是一种深为士大夫阶层所珍爱的礼品,其中,皇帝下赐予大臣,官员以此敬奉双亲、赠与挚友，都体现出一种"敬"的意义来。艺术家的眼睛最善于发现美，他们在常人看来极其普通的茶叶制作、冲饮中发现了一系列美的内涵，并运用自己的艺术才能将这些美表现出来，于是就有"江水薄煎萍仿佛，越瓯新试雪交加"、"洁性不可污，为饮涤尘烦"、"凭君汲井试烹之，不是人间香味色"等佳句流传下来。除了对茶叶的色、香、味、形的描写，艺术家们更表现出一种品饮过程的审美感受的抒情性格，最为典型的如卢仝"七碗之饮"的吟诵，已成为一首余音不息的千古绝唱。

艺术家们对茶的各方面的表现，无一不体现着他们对茶叶之美的认同和鉴赏，每一件作品，都体现着一种特定的文化心理，包含着一种特定的文化意蕴。从这些茶叶艺文作品中，人们不难了解先人们在茶的品饮、制作、观赏中产生的一系列审美愉悦，同时这些作品也活生生地表露着他们对茶饮的理解和种种寄寓于茶中的复杂心境。因此说整个茶叶艺文交织着茶文化在各个历史时期、各种社会层次、各个方面斑斓的色彩，其中所积淀的丰厚精华更是构成了中华民族茶文化中最为璀璨、最有声色的华章。

中国茶文化形成简史

一、茶文化概述

文化有广义、狭义之分。从广义说，一切由人类所创造的物质和精神现象均可称文化。狭义而言，则专指意识形态以及与之相适应的社会组织与制度等等。目前，人们爱谈精神文明与物质文明，常把二者截然分开。但很少有人注意，有不少介乎物质与精神之间的文明。它既不像思想、观念、文学、艺术、法律、制度等全属于精神范畴，也不像物质生产那样完全以物质形式来出现，而是以物质为载体，或在物质生活中渗透着明显的精神内容，我们可以把这种文明称之为"中介文明"或"中介文化"。

中国的茶文化，就是一种典型的"中介文化"。茶，对于人来说，首先是以物质形式出现，并以其实用价值发生作用的。但在中国，当它发展到一定时期便注入深刻的文化内容，产生精神和社会功用。饮茶艺术化，使人得到精神享受，产生一种美妙的境界，是为茶艺。茶艺中贯彻着儒、道、佛诸家的深刻哲理和高深的思想，不仅是人们相互交往的手段，而且是增进修养，助人内省，使人明心见性的功夫。当此之时，茶之为用，其解渴醒脑的作用已被放到次要地位。这就是我们所说的茶文化。大千世界，被人类利用的物质已无可计数，但并非均能介入精神领域而称之为文化。稻粱瓜蔬，兽肉禽卵，皆人类生存所用，却不见有人说"菠菜文化"、"牛肉文化"。在中国人常说的"开门七件事"中，亦仅仅是茶受到格外的青睐而被纳入"文化"行列。在中国，类似的中介文化还有不少，但也并非处处可以滥用。即以饮食而言，除了茶文化之外，最能享受此誉的莫过于酒文化与菜肴文化体系。然而，若论其高雅深沉，形神兼备以及体现中国传统文化精神的深度，皆不及茶。有人说，酒是火的性格，更接近西方文化的率直；茶是水的性格，更适于东方文化的柔韧幽深。这很有一些道理。不过，茶文化既然是一种中介文化，当然仍离不开其自然属性。所以，我们仍要从它的一般状况谈起，从其自然发展入手，探讨其如何从物质到精神。

　　作为现代科学意义上的原生茶树报告，中国的确出现很晚。但中国古籍中关于大茶树的记载却很早就有。《神异记》说：东汉永嘉年间余姚人卢洪进山采茶，遇到传说中的神仙丹丘子，指示给他一棵大茶树。唐人陆羽在《茶经》中则记载："茶者南方之嘉木也，一尺、二尺乃至数十尺，其巴山陕川有两人合抱者，伐而掇之。"如果说丹丘子指示大茶树还是传说，而被称为"茶圣"的陆羽，则是长期对各地产茶情况进行过许多调查研究的，他的记述，应该说也属于"报告"之类了。宋人所著《东溪试茶录》也曾说，建茶皆乔木，树高丈余。此类记述在其他古籍中还多得很。

　　20世纪以来，关于我国大茶树的正式调查报告便更多了。不仅南方有大茶树，甚至北方也有发现。20世纪30年代，孟安俊在河北晋县发现二十多株大茶树，同时期山西浮山县也发现大茶树。1940年，日本人在北纬36°的胶济铁路附近发现一棵大茶树，粗达三抱，当地人称为"茶树爷"。新中国建立后，在云南、贵州、四川等地更发现许多更大的茶树。云南勐海大茶树有高达32米的，一般也在10米以上。贵州大茶树最高者达13米，10米以下的更常见。四川大茶树四五米者为多。其他如广西、广东、湖南、福建、江西等省均有发现。据此，植物学家又结合地质变迁，考古论证，确定我国云贵高原为茶的原产地无疑。

中国不仅最早发现茶，而且最早使用。中国浩繁的古籍中，茶的记载不可胜数。当中国人发现茶并开始使用时，西方许多国家尚无史册可谈。《神农本草经》载："神农尝百草，日遇七十二毒，得茶而解之"。古代"茶"与"荼"字通，是说神农氏为考查对人有用的植物亲尝百草，以致多次中毒，得到茶方自解救。传说的时代固不可当作信史，但它说明我国发现茶确实很早。《神农本草经》从战国开始写作，到汉代正式成书。这则记载说明，起码在战国之前人们已对茶相当熟悉。《尔雅》载："槚，苦荼"。《尔雅》据说为周武王之辅臣周公旦所作，如果真是这样，周初便正式用茶了。《华阳国志》亦载，周初巴蜀给武王的贡品中有"芳蒻、香茗"，也是把中原用茶时间定于周初。茶原产于以大娄山为中心的云贵高原，后随江河交通流入四川。武王伐纣，西南诸夷从征，其中有蜀，蜀人将茶带入中原，周公知茶，当有所据。以此而论，川蜀知茶当上推至商。此时，茶主要是作药用。有人根据《晏子春秋》记载，说晏婴为齐相时生活简朴，每餐不过吃些米饭，最多有"三弋五卵，茗菜而已"。由此而认为战国时曾有过以茶为菜用的阶段。但有人考证，此处之"茗菜"非指茶，而是另一种野菜。所以，"菜用"说暂可置而不论。

茶的最大实用价值是作为饮料。我国饮茶最早起于西南产茶盛地。周初巴蜀向武王贡茶作何用途无可稽考，从道理上说，滇川之地饮茶当然应早于中原。饮茶的正式记载见于汉代。《华阳国志》载："自西汉至晋，二百年间，涪陵、什邡、南安（今剑阁）、武阳（今彭山）皆出名茶"。茶在这一时期被大量饮用有两个条件：第一，由于秦统一全国，随着交通发展，滇蜀之茶已北向秦岭，东入两湖之地，从西南而走向中原。这一点首先由考古发现得到证明。众所周知，著名的湖南长沙马王堆汉墓中曾有一箱茶叶被发现。另外，湖北江陵之马山曾发现西汉墓群，在 168 号汉墓中，曾出土一具古尸，同时也发现一箱茶叶。墓主人为西汉文帝时人，比马王堆汉墓又早了许多年。由此证明，西汉初贵族中就有以茶为随葬品的风气。倘若江汉之地不产茶，便不可能大量随葬。第二，此时茶已从由原生树采摘发展到大量人工种植。我国自何时开始人工植茶尚有争议。庄晚芳先生根据《华阳国志》中的《巴志》："园有方蒻、香茗"的记载，认为周武王封宗室于巴，巴王苑囿中已有茶，说明人工植茶可始于周初，距今已有 2700 多年的历史。对此，有人认为尚可商榷。但到汉代许多地方开始人工种茶则已为茶学界所公认。宋人王象之《舆地纪胜》说："西汉有僧从表岭来，以茶实蒙山"。《四川通志》载，蒙山茶为"汉代甘露祖师姓吴名理真者手植，至今不长不灭，共八小株"。这都是说的蒙山自西汉植茶。不过还不是大面积种植。而到东汉，便有了汉王至茗岭"课僮艺茶"的记述，同时有了汉朝名士葛玄在天台山设"茶之圃"的记载，种植想必不少。

汉代，茶已开始买卖，汉人王褒写的《僮约》即有"武阳买茶"、"烹茶尽具"的记载。至于卓文君与司马相如的故事，更是人所共知。文君当炉，卖的是茶是酒众说不一。不过，司马相如的《凡将篇》确实已把茶列入药品。

从语音学考察，更说明茶原产于中国。世界各国对茶的读音，基本由我国广东语、福建厦门语和现代普通话的"茶"字三种语音所构成。这也证明茶是由中国向其他国家传播的。

谈茶的自然发展史已很多，好像离开了"中国茶文化"这个本题。其实，这只是想说明：在茶的故乡，最早发现茶、使用茶、制茶、饮茶，有形成茶文化的自然条件。

然而，中国的特产很多，为什么只有茶形成这样独特的文化形式？其中的奥秘就是茶的自然功能与中国传统文化中的"天人合一"、"师法自然"、"五行协调"，以及儒家的"情景合一"。茶生于名山秀水之间，其性中和而味苦。茶能醒脑，且对益智精神、升清降浊、疏通经络，都有特殊作用。于是，文人用以激发文思，道家用以修身养性，佛家用以解睡助禅。中国最早的"茶癖"，不是文人，便是道士、隐士，或儒家弟子。人们从饮茶中与山水自然结为一体，接受天地雨露的恩惠，调和人间的纷解，浇开胸中的块垒，求得明心见性，回归自然的特殊情趣。这样一来，茶的自然属性便与中国古老文化的精华相结合了。所以，中国人一开始饮茶便把它提到很高的品位。

在中国，茶之为用，决不像西方人喝咖啡、吃罐头那样简单，不了解东方文化的特点，不了解中国文明的真谛，就不可能了解中国茶文化的精髓，而只能求得形式和皮毛。茶与中国的人文精神一旦结合，它的功用便远远超出其自然使用价值。只有从这个立足点出发，我们才可能深入到中国茶文化的内部。因此，在我们正式研究中国茶文化的具体内容之前，便要开宗明义，直接切入这种文化的本质。

二、茶文化特征

中国茶文化的产生有特殊的环境与特点。它不仅有悠久的历史，完美的形式，而且渗透着中华民族传统文化的精华，是中国人的一种特殊创造。

谈起茶文化，有人把中国茶叶发展史等同于茶文化史，以为加入了人文的历史条件，茶叶学便变成茶。有的则以为，凡是与茶沾边的文化凑到一起，便可称为茶文化。比如，吟茶诗、作茶画、唱茶歌，一个采茶扑蝶的舞蹈，一幅各种变体的"茶"字书法作品，这些东西加到一起便称为"茶文化"。顶多再加上一些饮茶的习俗和方法，便认为是"文化学"了。不可否认，以上内容与茶文化关系很大，甚至也可以包含在"中国茶文化"这个概念之内，但它们并不是中国茶文化的全体，甚至可以说还没有接触到茶文化的核心内容。所以产生这种片面性，主要由于近代以来中国传统的茶艺、茶道形式失传太多，至于渗入民间的茶文化精神，又未来得及做一翻"钩沉"、"拾遗"的研究和工作。加之目前以"文化"标榜的东西又太多，尤其是在商品经济的冲击下，每一件商品都恨不得插上文化的翅膀，以求十倍百倍地提高自己的身价。服装上加几个外国字便说"这是学习西方文化"，加一条龙纹，又说"这表示东方文化"，至于古老的中国竹编、漆器、陶瓷等当然更理所当然地被加以"文化"的冠冕。于是，人们很自然地把"茶文化"也归入此类。其实，哪一种人类的物质创造能说没有一点人文精神的痕迹？都称为"文化"，便有浮泛之弊了。

我们所说的中国茶文化完全不同于以上的各种理解。在中国的历史上，茶不仅是以其历史悠久，文人爱好，诗人吟咏而与文化"结亲"，而是它本身就存在一种从形式到内容，从物态到精神，从人与物的直接关系到茶成为人际关系的媒介，这样一整套地地道道的"文化"。所以，研究茶文化，不是研究茶的生长、培植、制作、化学成分、药学原理、卫生保健作用等自然现象，这是自然科学家的工作。也不是简单把茶叶学加上茶叶考古和茶的发展史。我们的任务，是研究茶在被应用过程中所产生的文化和社会现象。

在当代的大多数中国人看来，饮茶主要是为消食、解渴、提神。或冲，或泡，或煮；一壶、一杯，一碗；一气饮下，确实体会不出有别于咖啡、可乐之类的"文化味道"。难怪有位日本人公然宣称："日本饮茶讲精神，中国人饮茶是功利主义的"。我们不要怪罪这位日本朋友对中国历史知识的贫乏，我们中国人自己都忘掉了自己的茶文化和茶道精神，怎能去苛求别人？但是，当我们作为科学研究来对待这个问题时，就必然应以严谨的态度慎重对待"中国茶文化"这几个字了。

历史上中国人饮茶并不像现在这样简单。我们的祖先用他们的智慧创造了一套完整的茶文化体系，饮茶有道，艺茶有术，中国人是最讲精神的。尤其是中国茶文化中所体现的儒、道、佛各家的思想精髓，物质形式与意念、情操、道德、礼仪结合之巧妙，确实让人叹为观止。我们研究茶文化，就是要重新发掘这古老的文化传统，而且加以科学的阐释与概括。中国人不喜欢把人与自然、精神与物质截然分开。白天把自己变成一架机器，晚间再寻找纯精神的享受；韭菜、肉馅、面包，半生不熟吃进肚去了事；讲营养而不论品味，中国人是不习惯的。在中国传统中，物质生活中渗透文化精神是很经常的事。但是，像茶文化如此完整而又深沉的内容与形式，也并非很多。所以说，中国茶文化是一支奇葩，它是中国人民的宝贵财富，也是世界人民的财富。

那么，中国茶文化包括哪些内容呢？

首先，是要研究中国的茶艺。所谓茶艺，不仅仅指点茶技法，还包括整个饮茶过程的美学意境。中国历史上，真的"茶人"是很懂品饮艺术的，讲究选茗、蓄水、备具、烹煮、品饮，整个过程不是简单的程式，而包含着艺术精神。茶，要求名山之茶，清明前茶。茶芽不仅要鲜嫩，而且根据形状起许多美妙的名称，引起人美的想象。一芽为"莲蕊"，二芽称"旗枪"，三芽叫"雀舌"。其中，既包含有自然科学的道理，又有人们对天地、山水等大自然的情感和美学的意境。水，讲泉水、江水、井水，甚至直接取天然雨露，称"无根水"，同样要求自然与精神的和谐一致。茶具，不仅工艺化，而且包含有许多文化含义。烹茶的过程也被艺术化了，人们观其色，嗅其味，从水火相济，物质变换中体味五行协调，相互转化的微妙玄机。至于品饮过程，便更有讲究，如何点茶，行何礼仪，宾主之情，茶朋之谊，尽在其中。因此，对饮茶环境，是十分注意的，或是江畔松石之下，或是清幽茶寮之中，或是朝廷文事茶宴，或是市中茶坊，路旁茶肆等等，不同环境饮茶会产生不同的意境和效果。这个过程，被称之为"茶艺"。也就是说，要从美学观点上来对待饮茶。

中国人饮茶，不仅要追求美的享受，还要以茶培养、修炼自己的精神道德。从各种饮茶活动中去协调人际关系，求得自己思想的自洁、自省，也沟通彼此的情感。以茶雅志，以茶交友，以茶敬宾等，都属于这个范畴。通过饮茶，佛家的禅机，道家的清寂，儒家的中庸与和谐，都能逐渐渗透在其中。通过长期实践，人们把这些思悟过程用一定仪式来表现，这便是茶艺、茶礼。

茶艺与饮茶的精神内容、礼仪形式交融结合，使茶人得其道，悟得其理，求得主观与客观，精神与物质，个人与群体，人类与自然、宇宙和谐统一的大道，这便是中国人所说的"茶道"了。中国人不轻易言道，饮茶而称之为"道"，这就是说，已悟到它的机理、真谛。读至此，也许人们会说："你把茶说玄了，哪有这样高深的东西？"但如果你能认真读下这本书去，真正领会中国历史上的茶文化精神，就会感到此论并不为过。

茶道既行，便又深入到各阶层人民的生活之中。于是产生宫廷茶文化、文人士大夫茶文化、道家茶文化、佛家茶文化、市民茶文化、民间各种茶的礼俗和习惯。表现形式尽管不同，但都包括着中国茶道的基本精神。

茶又与其他文化相结合，派生出许多与茶相关的文化。茶的交易中出现茶法、茶榷、茶马互市，既包括法律，又涉及经济。文人饮茶、吟诗、作画；民间采茶出现茶歌、茶舞；茶的故事、传说也应运而出。于是茶又与文学、艺术相结合，出现茶文学、茶艺术。随着各种茶肆、茶坊、茶楼、茶馆的出现，茶建筑也成为一门特殊的学问。而在各种茶艺、茶礼中，又与礼制，甚至政治相联系。茶，成为中国人社会交往的重要手段，你又可以从心理学、社会学角度去看待饮茶。茶走向世界，又是国际经济、文化交流中的重要内容。

综合以上各种内容，这才是中国茶文化。它包括茶艺、茶道、茶的礼仪、精神以及在各阶层人民中的表现和与茶相关的众多文化的现象。从这些内容中，我们可以看出，中国茶文化与一般意义上的文化门类不同，它有自己鲜明的特点：

第一，它不是单纯的物质文化，也不是单纯的精神文化，而是二者巧妙的结合。比如，中国人讲"天人合一"、"五行相生相克"。这种高深的道理，在哲学家那里，是靠纯粹的思辨；就道家而言，要通过练功、静坐中用头脑的"意念"来体会。但到"茶圣"陆羽那里，却是用一只风炉，一只茶釜。并细致地观察茶在烹煮过程中的微妙变化，通过那饽沫的形状，茶与水的交融，以及茶的波滚浪涌与升华蒸腾，体会天地宇宙的自然变化和那神奇的造化之功。又如，文学家、政治家，是通过读书、作诗、思想斗争来增进自己的修养，而茶人们则要求在饮茶过程中，通过茶对精神的作用，求得内心的沉静。即使在民间，亲朋至，献上一杯好茶，也比说无数恭维的话语更显得真诚。所以，中国茶文化，是以物质为媒介来达到精神目的。

第二，中国茶文化是一定社会条件下的产物，又随着历史发展不断变化着内容，它是一门不断发展的科学。两晋南北朝时，茶人把这种文化当作对抗奢靡之风的手段，以茶养廉。盛唐之世，朝廷科举送茶叫作"麒麟草"，用以助文兴，发文思。宋代城市市民阶层进一步兴起，又出现反映市民精神的市民茶文化。明清封建制度走向衰落，文人士夫夫的茶风也走向狭小的茶寮、书室。而当封建社会彻底瓦解之后，中国茶文化又广泛走向民间，走向人民大众。因此，中国茶文化研究不应该是简单的"翻古董"，而应该在吸取传统茶文化精华的基础上推陈出新，不断有所创造。中国茶文化应该与时代的脉搏、世界的潮流相合相应，使老树开出新花。这才符合这门学科固有的特征。

由于中国茶文化的特殊内容，决定了它特殊的研究方法。

茶文化是典型的物质文明与精神文明相结的产物。现在人们爱谈"边缘科学"，是说一些新型学科常常是不同门类科学的结合，或各学科之间相互搭界。茶文化学还不仅是"搭界"问题，而且使许多看来相距很远的学问真正交融为一体。中国历史文化的重要特点之一，是强调物质与精神的统一。但儒学发展到后来，过分强调伦理、道德，对人和自然的客观属性经常忽略。而近代西方科学又更造成精神与物质的分离或对立。研究中国茶文化或许可以使我们得到一些启示，使我们能正确地理解人与自然、物质与精神的关系。因此，在研究方法上，既不能离开茶的物态形式，又不能仅仅停留在物态之中，而要经常注意在茶的使用过程中所产生的精神作用。唐代自陆羽著《茶经》开始，为后人提供了很好的范例。他在这部著作中，不仅从自然现象方面讲茶之源、之出、之造、之具，而且总结了历史上的茶事活动和文化现象，在谈茶的生长、烹煮时又溶进辩证思维，蕴含许多哲理。故唐人关于茶的学术论著多效其法，注重饮茶之道。卢仝描写饮茶的诗句，曾生动地叙述茶对人体发生作用后，人在精神上的不断升华和微妙的变化。著名宦官刘贞亮总结茶的"十德"，既包括养生、健身的功能，又特别强调"以茶可雅志"，"以茶可修身"，"以茶可交友"等精神力量和社会功能。所以，中国历史上许多茶学著作，尤其是关于饮茶的著述，既给我们许多具体知识，又可以看作进行思想修养的教材。但它不是理学家空洞说教的，而是通过优美的茶艺，精妙的心得给你许多启发。研究中国茶文化，首先要继承这种优良传统，要在物质与精神的结合上多下功夫，要从多学科的结合中来研究。

中国茶文化又是一门实践的科学。人们常说，不吃梨子，不知梨子味道。饮茶更是如此。研究茶文化，就要有茶文化的实践。从这个意义上说，各种茶展、茶节、茶会的召开和茶楼、茶坊的兴起，是茶文化的重要组成部分。中国的文人爱坐在书斋里作学问。书斋固然重要，但仅从书中是无论如何也体味不到中国茶道的真实意境的。陆羽一生致力于茶学，他不仅终日攀登崇山峻岭，与茶农为友，而且亲自创制烹茶的鼎，完善"二十四具"，当一名真正的"茶博士"。陆羽又不仅仅研究茶，而且研究佛学、儒学、道学、舆地学、地方志、建筑学、艺术、书法。他自幼被老和尚收养，从寺院中体会茶禅一味的道理；他执著于儒学研究，把儒家的中庸、和谐贯彻于茶道之中。他的朋友，有诗人、僧人、女道士，也有颜真卿这样的政治家和书法家。正因为有这许多的学识，并直接进行茶艺的实践，才能悟到茶中之大道。我国的许多帝王好饮茶，最典型的是宋徽宗，他曾作《大观茶论》，达二千八百余言，详述茶的产地、天时、采样、蒸压等，列为二十目。宋徽宗政治上的得失成败且不去论，单就茶文化而言，一个封建皇帝能对生产状况了解如此之详，也算难能可贵了。封建帝王尚能如此，现代的茶文化研究者总该更高一筹。所以，茶叶工作者该向文化界靠上一步；而文化和学术研究人员应该向实践更多靠拢。茶文化研究是侧重于文化的社会现象，但这门学问的研究却要两者的紧密配合。天津商学院有位彭华女士，她留学日本专攻日本茶道，但研究来研究去，发现茶文化的本源还是在自己的国土上。于是她从日本茶室中走出来，回到茶的故乡，在大江南北遍访茶的芳踪，领略茶乡的天地与人情。而今，天津商学院已建起一座茶道室。我想，这种理论与实践紧密结合、执着于事业的精神，正是茶文化研究者和一切茶人应有的品德。

中国茶文化是历史的产物。但目前传统的茶文化形式已保留不多。所幸者，中国向来古籍丰富，其中留下了不少茶文化的宝贵材料。尤其是野史和笔记，这些不入正经的著作一向以"广、博、杂"而著称。而正是在这些著作中，保留了有关茶的许多资料。在历代文人的诗歌和小说中，也有许多描写饮茶的内容。《水浒传》中关于王婆茶肆的描写，使我们看到封建时代市民茶文化的一角。而曹雪芹笔下的贾宝玉品茶拢翠庵，无论对水质、茶色、器具和不同人物饮茶的心理感受的描写，真称得上是茶道专家了。我们现在进行茶文化研究，就必须首先对这些历史遗产作一番摘择和钩沉的工作。对传统文化，不继承就谈不到发扬。继承中有所选择、汰弃，同时又加以完善、改进，这就是发扬。茶文化是中国传统文化中相当优秀的一枝，但也并不是没有一点瑕疵。即使当时是优秀的，现在也不一定适合于时代的潮流。比如，明清以后，中国茶文化出现了离世超群和纤弱的趋向，一些茶人自以为清高，自恨无缘补天，终日以茶寮、小童、香茗为事，作为一种避世的手段，更多渗入道家"清静无为"的思想，这与当前火热的生活就大不协调。唐代的陆羽在茶炉上还铸下"大唐灭胡明年造"，身在江南，还时刻关注着中原平定安史之乱的国家大事。相比之下，明清的一些茶人便大不如陆羽了。又如，茶文化的出现本来是从对抗两晋奢靡之风出现的。而后代的帝王贵胄，贡茶日奢，金玉其器，也可以说失掉了茶人应有的清行俭德。总之，茶文化的研究应特别注意历史感，要在不断的吸取与汰弃间下一些特别功夫。

民国以后，中国茶文化的一个重要特点是从上层走向民间。中国茶艺、茶道的高深道理和内容，目前大多数民众知之甚少。但是，在中国各地区、各民族的饮茶习俗中，还保留了许多中国茶文化的精髓和优良传统。比如福建、广西、云南的许多饮茶习俗，还大有唐宋古风。如何深入向民众学习，深入到民间调查，就成为茶文化研究者一项十分重要的任务。

中国古代重要茶事进程录

原始社会

神农时代传说茶叶被人类发现是在公元前 28 世纪的神农时代，《神农百草经》有"神农尝百草，日遇七十二毒，得荼而解之。"之说，当为茶叶药用之始。

西周

据《华阳国志》载：约公元前 1000 年周武王伐纣时，巴蜀一带已用所产的茶叶作为"纳贡"珍品，是茶作为贡品使用得最早记述。

东周

春秋时期婴相齐竟公时（公元前 547～公元前 490 年）据《晏子春秋》载："食脱粟之饭，炙三弋五卵，茗茶而已"。表明茶叶已作为菜肴汤料，供人食用。

西汉（公元前 206～公元 24 年）

公元前 59 年，《僮约》已有"烹茶尽具"，"武阳买茶"的记载，这表明四川一带已有茶叶作为商品出现，是茶叶进行商贸的最早记载。

东汉(25～220年)

东汉末年、三国时代的医学家华佗《食论》中提出了"苦荼久食，益意思"，是茶叶药理功效的第一次记述。

三国(220～265)

史书《三国志》述吴国君主孙皓(孙权的后代)有"密赐荼荈以代酒"，是"以茶代酒"最早的记载。

隋(581～618年)

茶的饮用逐渐开始普及，隋文帝患病，遇俗人告以烹茗草服之，果然见效。于是人们竞相采之，并逐渐由药用演变成社交饮料，但主要还是在社会的上层。

唐(618～907年)

唐代是茶作为饮料扩大普及的时期，并从社会的上层走向全民。

唐太宗大历五年(770年)开始在顾渚山(今浙江长兴)建贡茶院，每年清明前兴师动众督制"顾渚紫笋"饼茶，进贡皇朝。

唐德宗建中元年(780年)纳赵赞议，开始征收茶税。

8世纪后陆羽《茶经》问世。

唐顺宗永贞元年(805年)日本僧人最澄大师从中国带茶籽茶树回国。是茶叶传入日本最早的记载。

唐懿宗咸通十五年(874年)出现专用的茶具。

宋(960～1279年)

宋太宗太平兴国年间(976年)开始在建安(今福建建瓯)设官焙，专造北苑贡茶，从此龙凤团茶有了很大发展。

宋徽宗赵佶在大观元年间（1107年）亲著《大观茶开》一书，以帝王之尊，倡导茶学，弘扬茶文化。

明（1368～1644年）

明太祖洪武六年（1373年），设茶司马，专门司茶贸易事。

明太祖朱元璋于洪武二十四年（1391年）九月发布诏令，废团茶，兴叶茶。从此贡茶由团饼茶改为芽茶（散叶茶），对炒青叶茶的发展起了积极作用。

1610年荷兰人自澳门贩茶，并转运入欧。1916年，中国茶叶运销丹麦。1618年，皇朝派钦差大臣入俄，并向俄皇馈赠茶叶。

清（1644～1911年）

1657年中国茶叶在法国市场销售。

康熙八年（1669年）东印度公司开始直接从万丹运华茶入英。

康熙二十八年（1689年）福建厦门出口茶叶150担，开中国内地茶叶直接销往英国市场之先声。

1690年中国茶叶获得美国波士顿出售特许执照。光绪三十一年（1905年）中国首次组织茶叶考察团赴印度、锡兰（今斯里兰卡）考察茶叶产制，并购得部分制茶机械，宣传茶叶机械制作技术和方法。

1896年福州市成立机械制茶公司，是中国最早的机械制茶业。

茶叶的贸易历史

中国茶叶对外贸易有1500余年历史，大体可分四个贸易时期：

475～1644年的一千余年，是以物易茶为主要特征的出口外销。中国茶叶最早输出在473～476年间，由土耳其商人来我国西北边境以物易茶，被认为是最早记录。

唐代，我国于714年设"市舶司"管理对外贸易。以后中国茶叶西方通过海、陆"丝绸之路"输往西亚和中东地区，东方输往朝鲜、日本。

明代(1368～1644)是中国古典茶叶向近代多种茶类发展的开始时期，为清初以来大规模地开展茶叶国际贸易提供了商品基础。郑和七次率船队，出使南亚、西亚和东非三十余国。同时，波斯(今伊朗)商人、西欧人东来航海探险旅行，及传教士的中西交往，把中国茶文化传往西方，为以后的华茶大量输入欧洲作了宣传和舆论准备。

制茶史

中国制茶史

中国制茶历史悠久，自发现野生茶树，从生煮羹饮，到饼茶散茶，从绿茶到多茶类，从手工操作到机械化制茶，期间经历了复杂的变革。各种茶类的品质特征形成，除了茶树品种和鲜叶原料的影响外，加工条件和制造方法是重要的决定因素。本章就制茶历史做简单介绍。

一、从生煮羹饮到晒干收藏

茶之为用，最早从咀嚼茶树的鲜叶开始，发展到生煮羹饮。生煮者，类似现代的煮菜汤。如云南基诺族至今仍有吃"凉拌茶"习俗，鲜叶揉碎放碗中，加入少许黄果叶、大蒜、辣椒和盐等配料，再加入泉水拌匀。茶作羹饮，有《晋书》记"吴人采茶煮之，曰茗粥"，甚至到了唐代，仍有吃茗粥的习惯。三国时，魏朝已出现了茶叶的简单加工，采来的叶子先做成饼，晒干或烘干，这是制茶工艺的萌芽。

二、从蒸青造型到龙团凤饼

初步加工的饼茶仍有很浓的青草味，经反复实践，发明了蒸青制茶。即将茶的鲜叶蒸后碎制，饼茶穿孔，贯串烘干，去其青气。但仍有苦涩味，于是又通过洗涤鲜叶，蒸青压榨，去汁制饼，使茶叶苦涩味大大降低。

自唐至宋，贡茶兴起，成立了贡茶院，即制茶厂，组织官员研究制茶技术，从而促使茶叶生产不断改革。唐代蒸青作饼已经逐渐完善，陆羽《茶经·之造》记述："晴，采之。蒸之，捣之，拍之，焙之，穿之，封之，茶之干矣。"，即此时完整的蒸青茶饼制作工序为：蒸茶、解块、捣茶、装模、拍压、出模、列茶晾干、穿孔、烘焙、成穿、封茶。

宋代，制茶技术发展很快。新品不断涌现。北宋年间，做成团片状的龙凤团茶盛行。宋代《宣和北苑贡茶录》记述："宋太平兴国初，特置龙凤模，遣使即北苑造团茶，以别庶饮，龙凤茶盖始于此"。龙凤团茶的制造工艺，据宋代赵汝砺《北苑别录》记述，有六道工序：蒸茶、榨茶、研茶、造茶、过黄、烘茶。茶芽采回后，先浸泡水中，挑选匀整芽叶进行蒸青，蒸后冷水清洗，然后小榨去水，大榨去茶汁，去汁后置瓦盆内兑水研细，再入龙凤模压饼、烘干。龙凤团茶的工序中，冷水快冲可保持绿色，提高茶叶质量，而水浸和榨汁的做法，由于夺走真味，使茶香极大损失，且整个制作过程耗时费工，这些均促使了蒸青散茶的出现。

三、从团饼茶到散叶茶

在蒸青团茶的生产中，为了改善苦味难除、香味不正的缺点，逐渐采取蒸后不揉不压，直接烘干的做法，将蒸青团茶改造为蒸青散茶，保持茶的香味，同时还出现了对散茶的鉴赏方法和品质要求。这种改革出现在宋代。《宋史·食货志》载："茶有两类，曰片茶，曰散茶"，片茶即饼茶。元代王桢在《农书·卷十·百谷谱》中，对当时制蒸青散茶工序有详细记载"采讫，一甑微蒸，生熟得所。蒸已，用筐箔薄摊，乘湿揉之，入焙，匀布火，烘令干，勿使焦"。由宋至元，饼茶、龙凤团茶和散茶同时并存，到了明代，由于明太祖朱元璋于1391年下诏，废龙团兴散茶。使得蒸青散茶大为盛行。

四、从蒸青到炒青

相比于饼茶和团茶，茶叶的香味在蒸青散茶得到了更好的保留，然而，使用蒸青方法，依然存在香味不够浓郁的缺点。于是出现了利用干热发挥茶叶优良香气的炒青技术。炒青绿茶自唐代已始而有之。唐刘禹锡《西山兰若试茶歌》中言道："山僧后檐茶数丛……斯须炒成满室香"，又有"自摘至煎俄顷余"之句，说明嫩叶经过炒制而满室生香，有炒制时间不常，这是至今发现的关于炒青绿茶最早的文字记载。经唐、宋、元代的进一步发展，炒青茶逐渐增多，到了明代，炒青制法日趋完善，在《茶录》、《茶疏》、《茶解》中均有详细记载。其制法大体为：高温杀青、揉捻、复炒、烘焙至干，这种工艺与现代炒青绿茶制法非常相似。（参看附录中绿茶制造工艺）

五、从绿茶发展至其他茶类

在制茶的过程中，由于注重确保茶叶香气和滋味的探讨，通过不同加工方法，从不发酵、半发酵到全发酵这一系列不同发酵程序所引起茶叶内质的变化，探索到了一些规律，从而使茶叶从鲜叶到原料，通过不同的制造工艺，制成各类色、香、味、形品质特征不同的六大茶类，即绿茶、黄茶、黑茶、白茶、红茶、青茶。

1. 黄茶的产生

绿茶的基本工艺是杀青、揉捻、干燥,当绿茶炒制工艺掌握不当,如炒青杀青温度低、蒸青杀青时间长,或杀青后未及时摊凉及时揉捻,或揉捻后未及时烘干炒干,堆积过久,使叶子变黄,而产生黄叶黄汤,类似后来出现的黄茶。因此,黄茶的产生可能是从绿茶制法不当演变而来。明代许次纾《茶疏》(1597年)记载了这种演变历史。

2. 黑茶的出现

绿茶杀青时叶量过多,火温过低使叶色变为近似黑色的深褐绿色,或以绿毛茶堆积后发酵,渥成黑色,这是产生黑茶的过程。黑茶的制造始于明代中叶。明御史陈讲疏记载了黑茶的生产(1524年):"商茶低仍,悉征黑茶,产地有限……"。

3. 白茶的由来和演变

所谓的白茶,是指唐、宋时偶然发现的白叶茶树采摘而成的茶,与后来发展起来的不炒不揉而成的白茶不同。到了明代,才出现了类似现在的白茶。田艺蘅《煮泉小品》记载:"茶者以火作者为次,生晒者为上,亦近自然……清翠鲜明,尤为可爱"。

现代白茶是从宋代绿茶三色细芽、银丝水芽开始逐渐演变而来的。最初是指干茶表面密布白色茸毫、色泽银白的"白毫银针",后来经发展又产生了白牡丹、贡眉、寿眉等其他花色。

4. 红茶的产生和发展

红茶起源于16世纪。在茶叶制造发展过程中,发现日晒代替杀青揉捻后叶色变红而产生了红茶。最早的红茶生产从福建崇安的小种红茶开始。清代刘靖《片刻余闲集》中记述:"山之第九曲处有星村镇,为行家萃聚。外有本省邵武、江西广信等处所产之茶,黑色红汤,土名江西乌,皆私售于星村各行"。自星村小种红茶出现后,逐渐演变产生了工夫红茶。20世纪20年代,印度将茶叶发展为切碎加工的红碎茶,我国于20世纪50年代也开始试制红碎茶。

5. 青茶的起源

青茶介于绿茶、红茶之间，先绿茶制法，再红茶制法，从而悟出了青茶制法。

青茶的起源，学术界尚有争议，有的推论出现在北宋，有的推定于清咸丰年间，但都认为最早在福建创制。清初王草堂《茶说》："武夷茶，茶采后，以竹筐匀铺，架于风日中，名曰晒青，俟其青色渐收，然后再加炒焙……烹出之时，半青半红，青者乃炒色，红者乃焙色也。"现在的福建武夷岩茶的制法仍保留了这种传统工艺的特点。

六、从素茶到花香茶

茶加香料或香花的做法已有很久的历史。宋代蔡襄《茶录》提到加香料茶"茶有真香，而入贡者微以龙脑和膏，欲助其香"。南宋已有茉莉花焙茶的记载，施岳《步月、茉莉》词注："茉莉岭表所产……古人用此花焙茶"。

到了明代，窨花制茶技术日益完善，且可用于制茶的花品种繁多，据《茶谱》记载，有桂花、茉莉、玫瑰、蔷薇、兰蕙、桔花、栀子、木香、梅花九种之多。现代窨制花茶，除了上述花种外，还有白兰、玳瑁、珠兰等。

由于制茶技术不断改革，各类制茶机械相继出现，先是小规模手工作业，接着出现各道工序机械化。除了少数名贵茶仍由手工加工外，绝大多数茶叶的加工均采用了机械化生产。

饮茶史

中国茶的饮法源流

饮茶始于西汉，西汉以后，茶的烹饮方法不断发展变化。大体说来，从西汉至今，有煮茶、煎茶、点茶、泡茶四种烹饮方法。

一、煮茶法

所谓煮茶法，是指茶入水烹煮二饮。唐代以前无制茶法，往往是直接采生叶煮饮，唐以后则以干茶煮饮。西汉王褒《僮约》："烹茶尽具"。西晋郭义恭《广志》："茶丛生，真煮饮为真茗茶"。东晋郭璞《尔雅注》："树小如栀子，冬生，叶可煮作羹饮"。晚唐杨华《膳夫经手录》："茶，古不闻食之。近晋、宋以降，吴人采其叶煮，是为茗粥"。晚唐皮日休《茶中杂咏》序云："然季疵以前称茗饮者，必浑以烹之，与夫瀹蔬而啜饮者无异也"。汉魏南北朝到初唐，主要是直接采茶树生叶烹煮成羹汤而饮，饮茶类似喝蔬茶汤，此羹汤吴人又称之为"茗粥"。

唐代以后，制茶技术日益发展，饼茶（团茶、片茶）、散茶品种日渐增多。唐代饮茶以陆羽式煎茶为主，但煮茶旧习依然难改，特别是在少数民族地区较流行。中唐陆羽《茶经·五之煮》载："或用葱、姜、枣、橘皮、茱萸、薄荷之等，煮之百沸，或扬令滑，或煮去沫，斯沟渠间弃水耳，而习俗不已。"晚唐樊绰《蛮书》记："茶出银生城界诸山，散收，无采造法。蒙舍蛮以姜、椒、桂和烹而饮之"。唐代煮茶，往往加盐葱、姜、桂等佐料。

宋代，苏辙《和子瞻煎茶》诗有"北方俚人茗饮无不有，盐酪椒姜夸满口。"黄庭坚《谢刘景文送团茶》诗有"刘侯惠我小玄璧，自裁半壁煮琼糜"。宋代，北方少数民族地区以盐酪椒姜与茶同煮，南方也偶有煮茶。

明代陈师《茶考》载："烹茶之法，唯苏吴得之。以佳茗入磁瓶火煎，酌量火候，以数沸蟹眼为节"。清代周蔼联《竺国记游》载："西藏所尚，以邛州雅安为最。……其熬茶有火候"。明清起到现在，煮茶法主要在少数民族流行。

二、煎茶法

煎茶法是指陆羽在《茶经》里所创造、记载的一种烹煎方法，其茶主要用饼茶，经炙烤、碾罗成末，待汤初沸投入末，并加以环搅、沸腾则止。而煮茶法中茶投冷水、热水皆可，需经较长时间的煮熬。煎茶法的主要程序有备器、选水、取火、侯汤、炙茶、碾茶、罗茶、煎茶（投茶、搅拌）、酌茶。

煎茶法在中晚唐很流行，唐诗中多有描述。刘禹锡《西山兰若试茶歌》诗有"骤雨松声入鼎来，白云满碗花徘徊"。僧皎然《对陆迅饮天目茶园寄元居士》诗有"文火香偏胜，寒泉味转嘉。投铛涌作沫，著碗聚生花"。白居易《睡后茶兴忆杨同州》诗有"白瓷瓯甚洁，红炉炭方炽。沫下麹尘香，花浮鱼眼沸"。白居易《谢李六郎中寄新蜀茶》诗有"汤添勺水煎鱼眼，末下刀圭搅麹尘"。卢仝《走笔谢孟谏议寄新茶》诗有"碧云引风吹不断，白花浮光凝碗面"。李群玉《龙山人惠石廪方及团茶》诗有"碾成黄金粉，轻嫩如松花"，"滩声起鱼眼，满鼎漂汤霞"。

唐徐夤《谢尚书惠蜡面茶》诗有"金槽和碾沉香末，冰碗轻函翠缕烟。分赠恩深知最异，晚铛宜煮北山泉。"北宋苏轼《汲江煎茶》诗有"雪乳已翻煎处脚，松风忽作泻时声"。北宋苏辙《和子瞻煎茶》诗有"铜铛得火蚯蚓叫，匙脚旋转秋萤光"。北宋黄庭坚《奉同六舅尚书咏茶碾煎烹三首》诗有"要及新香碾一杯，不及应宝到云来"。南宋陆游《郊蜀人煎茶戏作长句》诗有"午枕初回梦蝶床，红丝小皑破旗枪。正须山石龙头鼎，一试风炉蟹眼汤"。五代、宋朝流行点茶法，从五代到北宋、南宋，煎茶法渐趋衰亡，南宋末已无闻。

三、点茶法

点茶法是将茶碾成细末，置茶盏中，以沸水点冲。先注少量沸水调膏，继之量茶注汤，边注边用茶筅击拂。《荈茗录》"生成盏"条记："沙门福全生于金乡，长于茶海，能注汤幻茶，成一句诗。并点四瓯，共一绝句，泛乎汤表。"其"茶百戏"条记："近世有下汤运匕，别施妙诀，使汤纹水脉成物象者，禽兽虫鱼花草之属，纤巧如画"。注汤幻茶成诗成画，谓之茶白戏、水丹青，宋人又称"分茶"。《荈茗录》乃陶谷《清异录》"荈茗部"中的一部分，而陶谷历仕晋、汉、周、宋，所记茶事大抵都属五代十国直到宋初之事。点茶是分茶的基础，所以点茶法的起始应当不会晚于五代。

从蔡襄《茶录》、宋徽宗《大观茶论》等书看来，点茶法的主要程序有备器、洗茶、炙茶、碾茶、磨茶、罗茶、择水、取火、候汤、烘盏、点茶（调膏、击拂）。

点茶法流行于宋元时期，宋人诗词中多有描写。北宋范仲淹《和章岷从事斗茶歌》诗有"黄金碾畔绿尘飞，碧玉瓯中翠涛起"。北宋苏轼《试院煎茶》诗有"蟹眼已过鱼眼生，飕飕欲作松风鸣。蒙茸出磨细珠落，眩转绕瓯飞雪轻"。北宋苏辙《宋城宰韩文惠日铸茶》诗有"磨转春雷飞白雪，瓯倾锡水散凝酥"。南宋杨万里《澹庵坐上观显上人分茶》诗有"分茶何似煎茶好，煎茶不似分茶巧。蒸水老禅弄泉手，隆兴元春新玉爪。二者相遭兔瓯面，怪怪奇奇真善幻……银瓶首下仍尻高，注汤作字势嫖姚"。北宋释惠洪《无学点茶乞茶》诗有"银瓶瑟瑟过风雨，渐觉羊肠挽声变。盏深扣之看浮乳，点茶三昧须饶汝"。北宋黄庭坚《满庭芳》词有"碾深罗细，琼蕊冷生烟"、"银瓶蟹眼，惊鹭涛翻"。

明朝前中期，仍有点茶。朱元璋十七子、宁王朱权《茶谱》序云："命一童子设香案携茶炉于前，一童子出茶具，以飘汲清泉注于瓶而饮之。然后碾茶为末，置于磨令细，以罗罗之。候汤将如蟹眼，量客众寡，投数匕入于巨瓯。候汤出相宜，以茶筅撺令沫不浮，乃成云头雨脚，分于啜瓯"。朱权"崇新改易"的烹茶法仍是点茶法。

点茶法盛行于宋元时期，并北传辽、金。元明因袭，约亡于明朝后期。

四、泡茶法

泡茶法是以茶置茶壶或茶盏中，以沸水冲泡的简便方法。过去往往依据陆羽《茶经·七之事》所引"《广雅》云"文字，认为泡茶法始于三国时期。但据著者考证，"《广雅》云"这段文字既非《茶经》正文，亦非《广雅》正文，当属《广雅》注文，不足为据。

陆羽《茶经·六之饮》载："饮有粗、散、末、饼者，乃斫、乃熬、乃炀、乃舂，贮于瓶缶之中，以汤沃焉，谓之庵茶。"即以茶置瓶或缶（一种细口大腹的瓦器）之中，灌上沸水淹泡，唐时称"庵茶"，此庵茶开后世泡茶法的先河。

唐五代主煎茶，宋元主点茶，泡茶法直到明清时期才流行。朱元璋罢贡团饼茶，遂使散茶（叶茶、草茶）独盛，茶风也为之一变。明代陈师《茶考》载："杭俗烹茶，用细茗置茶瓯，以沸汤点之，名为撮泡。"置茶于瓯、盏之中，用沸水冲泡，明时称"撮泡"，此法沿用至今。

明清更普遍的还是壶泡，即置茶于茶壶中，以沸水冲泡，再倒入茶盏（瓯、杯）中饮用。据张源《茶录》、许次行《茶疏》等书，壶泡的主要程序有备器、择水、取火、候汤、投茶、冲泡、酾茶等。现今流行于闽、粤、台地区的"工夫茶"则是典型的壶泡法。

中国饮茶习俗的演变

中国饮茶历史最早，早在神农时期茶及其药用价值就被发现，并由药用逐渐演变成日常生活饮料。我国历来对选茗、取水、备具、佐料、烹茶、奉茶以及品尝方法都很为讲究，因而逐渐形成了丰富多采、雅俗共赏的饮茶习俗和品茶技艺。

春秋以前，最初茶叶作为药用而受到关注。古代人直接含嚼茶树鲜叶汲取茶汁而感到芬芳、清口并富有收敛性情之感，久而久之，茶的含嚼成为人们的一种嗜好。该阶段，可说是茶之为饮的前奏。

随着人类生活的进化，生嚼茶叶的习惯转变为煎服。即鲜叶洗净后，置陶罐中加水煮熟，连汤带叶服用。煎煮而成的茶，虽苦涩，然而滋味浓郁，风味与功效均胜几筹，日久，自然养成煮煎品饮的习惯，这是茶作为饮料的开端。

然而，茶由药用发展为日常饮料，经过了食用作为中间过渡阶段。即以茶当菜，煮作羹饮。茶叶煮熟后，与饭菜调和一起食用。此时，用茶的目的，一是增加营养，一是作为食物解毒。《晏子春秋》记载，

"晏子相景公，食脱粟之饭，炙三弋五卵茗菜而已"；又《尔雅》中，"苦荼"一词注释云"叶可炙作羹饮"。《桐君录》等古籍中，则有茶与桂姜及一些香料同煮食用的记载。此时，茶叶利用方法前进了一步，运用了当时的烹煮技术，并已注意到茶汤的调味。

　　秦汉时期，茶叶的简单加工已经开始出现。鲜叶用木棒捣成饼状茶团，再晒干或烘干以存放，饮用时，先将茶团捣碎放入壶中，注入开水并加上葱姜和橘子调味。此时茶叶不仅是日常生活之解毒药品，且成为待客之食品。另外，由于秦统一了巴蜀（我国较早传播饮茶的地区），促进了饮茶知识与风俗向东延伸。西汉时，茶已是宫廷及官宦人家的一种高雅消遣，王褒《童约》已有"武阳买茶"的记载。三国时期，崇茶之风进一步发展，开始注意到茶的烹煮方法，此时出现"以茶当酒"的习俗（见《三国志·吴志》），说明华中地区当时饮茶已比较普遍。到了两晋、南北朝，茶叶从原来珍贵的奢侈品逐渐成为普通饮料。

　　隋唐时期，茶叶多加工成饼茶。饮用时，加调味品烹煮汤饮。随着茶事的兴旺，贡茶的出现加速了茶叶栽培和加工技术的发展，涌现了许多名茶，品饮之法也有较大的改进。尤其到了唐代，饮茶蔚然成风，饮茶方式有较大进步。此时，为改善茶叶苦涩味，开始加入薄荷、盐、红枣调味。此外，已使用专门烹茶器具，论茶之专著已出现。陆羽《茶经》三篇，备言茶事，更对茶之饮法煮有详细的论述。此时，对茶和水的选择、烹煮方式以及饮茶环境和茶的质量也越来越讲究，逐渐形成了茶道。由唐前之"吃茗粥"到唐时人视茶为"越众而独高"，是我国茶文化的一大飞跃。

　　"茶兴于唐而盛于宋"。在宋代，制茶方法出现改变，给饮茶方式带来深远的影响。宋初茶叶多制成团茶、饼茶，饮用时碾碎，加调味品烹煮，也有不加的。随茶品的日益丰富与品茶的日益考究，逐渐重视茶叶原有的色香味，调味品逐渐减少。同时，出现了用蒸青法制成的散茶，且不断增多，茶类生产由团饼为主趋向以散茶为主。此时烹饮手续逐渐简化，传统的烹饮习惯，正是由宋开始而至明清，出现了巨大变更。

明代后，由于制茶工艺的革新，团茶、饼茶已较多改为散茶，烹茶方法由原来的煎煮为主逐渐向冲泡为主发展。茶叶冲以开水，然后细品缓啜，清正、袭人的茶香，甘洌、醇醇的茶味以及清澈的茶汤，更能领略茶天然之色香味品性。

明清之后，随茶类的不断增加，饮茶方式出现两大特点：一是品茶方法日臻完善而讲究。茶壶茶杯要用开水先洗涤，干布擦干，茶渣先倒掉，再斟；器皿也"以紫砂为上，盖不夺香，又无熟汤气"。二是出现了六大茶类，品饮方式也随茶类不同而有很大变化。同时，各地区由于不同风俗，开始选用不同茶类。如两广喜好红茶，福建多饮乌龙，江浙则好绿茶，北方人喜花茶或绿茶，边疆少数民族多用黑茶、砖茶。

纵观饮茶风习的演变，尽管千姿百态，但是若以茶与佐料、饮茶环境等为基点，则当今茶之饮主要可区分为三种类型：

一是讲究清雅怡和的饮茶习俗。茶叶冲以煮沸的水（或沸水稍凉后），顺乎自然，清饮雅尝，寻求茶之原味，重在意境，与我国古老的"清净"传统思想相吻合，这是茶的清饮之特点。

我国江南的绿茶、北方花茶、西南普洱茶、闽粤一带的乌龙茶以及日本的蒸青茶均属此列。

二是讲求兼有佐料风味的饮茶习俗。其特点是烹茶时添加各种佐料。如边陲的酥油茶、盐巴茶、奶茶以及侗族的打油茶、土家族的擂茶，又如欧美的牛乳红茶、柠檬红茶、多味茶、香料茶等等，均兼有佐料的特殊风味。

三是讲求多种享受的饮茶风俗。即指饮茶者除品茶外，还备以美点，伴以歌舞、音乐、书画、戏曲等。如北京的"老舍茶馆"。此外，应生活节奏的加快，出现了茶的现代变体：速溶茶、冰茶、液体茶以及各类袋泡茶，充分体现了现代文化务实之精髓。虽不能称为品，却不能否认这是茶的发展趋势之一。

　　总之，茶之饮最早的目的在于：解毒、消食、清心、益思、少睡眠；后来有陆羽《茶经》等等对其方式精益求精，以及少数民族的种种"异样"喝法，都不离其宗；至若有为"雅"而茶，大概是当今茶艺馆繁盛的原因之一，又或为"道"而茶，比如强调"和敬清寂"，其中雅趣可谓是见仁见智吧。

茶叶百科

茶叶品种

茶类的划分可以有多种方法。有的根据制造方法不同和品质上的差异，将茶叶分为绿茶、红茶、乌龙茶（即青茶）、白茶、黄茶和黑茶六大类。有的根据我国出口茶的类别将茶叶分为绿茶、红茶、乌龙茶、白茶、花茶、紧压茶和速溶茶等几大类。有的根据我国茶叶加工分为初、精制两个阶段的实际情况，将茶叶分为毛茶和成品茶两大部分，其中毛茶分绿茶、红茶、乌龙茶、白茶和黑茶五大类，将黄茶归入绿茶一类；成品茶包括精制加工的绿茶、红茶、乌龙茶、白茶和再加工而成的花茶、紧压茶和速溶茶等几大类。有的还从产地划分将茶叶称作川茶、浙茶、闽茶等等，这种分类方法一般仅是俗称。还可以其生长环境来分：平地茶，高山茶，丘陵茶。另外还有一些"茶"其实并不是真正意义上的茶，但是饮用方法上与一般的茶一样，故而人们常常以茶来命名之，例如虫茶、鱼茶。有的茶已经没有多少人知道它不是茶了，例如绞股蓝茶。将上述几种常见的分类方法综合起来，中国茶叶则可分为基本茶类和再加工茶类两大部分。下面讲述几种按茶色不同来分类的茶叶及其特性。

绿茶及其特性

绿茶，又称不发酵茶。以茶树新梢为原料，经杀青、揉捻、干燥等典型工艺过程制成的茶叶。其干茶色泽和冲泡后的茶汤、叶底以绿色为主调，故名。

绿茶的特性，较多的保留了鲜叶内的天然物质。其中茶多酚咖啡碱保留鲜叶的 85% 以上，叶绿素保留 50% 左右，维生素损失也较少，从而形成了绿茶"清汤绿叶，滋味收敛性强"的特点。最科学研究结果表明，绿茶中保留的天然物质成分，对防衰老、防癌、抗癌、杀菌、消炎等均有特殊效果，为其他茶类所不及。

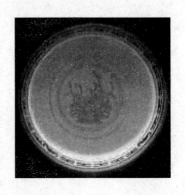

中国绿茶中，名品最多，不但香高味长，品质优异，且造型独特，具有较高的艺术欣赏价值，绿茶按其干燥和杀青方法的不同，一般分为炒青、烘青、晒青和蒸青绿茶。

炒青绿茶：由于在干燥过程中受到机械或手工操力的作用不同，成茶形成了长条形、圆珠形、扇平形、针形、螺形等不同的形状，故又分为长炒青、圆炒青、扁炒青等等。

长炒青精制后称眉茶，成品的花色有珍眉、贡熙、雨茶、针眉、秀眉等，各具不同的品质特征。如：

珍眉：条索细紧挺直或其形如仕女之秀眉，色泽绿润起霜，香气高鲜，滋味浓爽，汤色、叶底绿微黄明亮；

贡熙：是长炒青中的圆形茶，精制后称贡熙。外形颗粒近似珠茶，圆叶底尚嫩匀；

雨茶：原系由珠茶中分离出来的长形茶，现在雨茶大部分从眉茶中获取，外形条索细短、尚紧，色泽绿匀，香气纯正，滋味尚浓，汤色黄绿，叶底尚嫩匀；

圆炒青：外形颗粒圆紧，因产地和采制方法不同，又分为平炒青、泉岗辉白和涌溪火青等。

平炒青：产于浙江嵊县、新昌、上虞等县。因历史上毛茶集中绍兴平水镇精制和集散，成品茶外形细圆紧结似珍珠，故称"平水珠茶"或称平绿，毛茶则称平炒青。

扁炒青：因产地和制法不同，主要分为龙井、旗枪、大方三种。

龙井：产于杭州市西湖区，又称西湖龙井。鲜叶采摘细嫩，要求芽叶均匀成朵，高级龙井做工特别精细，具有"色绿、香郁、味甘、形美"的品质特征；

旗枪：产于杭州龙井茶区四周及毗邻的余杭、富阳、肖山等县；

大方：产于安徽省歙县和浙江临安、淳安毗邻地区，以歙县老竹大方最为著名。

在炒青绿茶中，因其制茶方法不同，又有称为特种炒青绿茶，为了保持叶形完整，最后工序常进行烘干。其茶品有洞庭碧螺春、南京雨花茶、金奖惠明、高桥银峰、韶山韶峰、安化松针、古丈毛尖、江华毛尖、大庸毛尖、信阳毛尖、桂平西山茶、庐山云雾等等。在此只简述二品，如：

洞庭碧螺春：产于江苏吴县太湖的洞庭山川碧螺峰的品质最佳。外形条索纤细、匀整，卷曲似螺，白毫显露，色泽银绿隐翠光润；内质清香持久，汤色嫩绿清澈，滋味清鲜回甜；叶底幼嫩柔匀明亮；

金奖惠明：产于浙江云和县。曾于1915年巴拿马万国博览会上获金质奖章而得名，外形条索细紧匀整，苗秀有峰毫，色泽绿润；内质香高而持久，有花果香，汤色清澈明亮，滋味甘醇爽口；叶底嫩绿明亮。

烘青绿茶：是用烘笼进行烘干的，烘青毛茶经再加工精制后大部分作熏制花茶的茶坯，香气一般不及炒青高，少数烘青名茶品质特优。以其外形亦可分为条形茶、尖形茶、片形茶、针形茶等。条形烘青，全国主要产茶区都有生产；尖形、片形茶主要产于安徽、浙江等省市。其中特种烘青，主要有黄山毛峰、太平猴魁、六安瓜片、敬亭绿雪、天山绿茶、顾诸紫笋。江山绿牡丹、峨眉毛峰、金水翠峰、峡州碧峰、南糯白毫等。如黄山毛峰：产于安徽软县黄山。外形细嫩稍卷曲，芽肥壮、匀整，有锋毫，形似"雀舌"，色泽金黄油润，俗称象牙色，香气清鲜高长，汤色杏黄清澈明亮，滋味醇厚鲜爽回甘，叶底芽叶成朵，厚实鲜艳。

晒青绿茶：是用日光进行晒干的。主要分布在湖南、湖北。广东、广西、四川，云南、贵州等省有少量生产。晒青绿茶以云南大叶种的品质最好，称为"滇青"；其他如川青、黔青、桂青、鄂青等品质各有千秋，但不及滇青。

蒸青绿茶：以蒸汽杀青是我国古代的杀青方法。唐朝时传至日本，相沿至今，而我国则自明代起即改为锅炒杀青。蒸青是利用蒸汽量来破坏鲜叶中酶活性，形成千茶色泽深绿，茶汤浅绿和茶底青绿的"三绿"品质特征，但香气较闷带青气，涩味也较重，不及锅炒杀青绿茶那样鲜爽。由于对外贸易的需要，我国从 20 世纪 80 年代中期以来，也生产少量蒸青绿茶。主要品种有恩施玉露，产于湖北恩施；中国煎茶，产于浙江、福建和安徽三省。

绿茶是历史最早的茶类。古代人类采集野生茶树芽叶晒干收藏，可以看作是广义上的绿茶加工的开始，距今至少有三千多年。但真正意义上的绿茶加工，是从 8 世纪发明蒸青制法开始的，到 12 世纪又发明炒青制法，绿茶加工技术便趋于成熟，此法一直沿用至今，并不断完善。

绿茶为我国产量最大的茶类，产区分布于各产茶省、市、自治区。其中以浙江、安徽、江西三省产量最高，质量最优，是我国绿茶生产的主要基地。在国际市场上，我国绿茶占国际贸易量的 70% 以上。行销区遍及北非、西非各国及法、美、阿富汗等 50 多个国家和地区。在国际市场上绿茶销量占内销总量的 1/3 以上。同时，绿茶又是生产花茶的主要原料。

各类绿茶名：西湖龙井、惠明茶、洞庭碧螺春、顾渚紫茶、午子仙毫、黄山毛峰、信阳毛尖、平水珠茶、宝洪茶、上饶白眉、径山茶、峨眉竹叶青、南安石亭绿、仰天雪绿、蒙顶茶、涌溪火青、仙人掌茶、天山绿茶、永川秀芽、休宁松萝、恩施玉露、都匀毛尖、鸠坑毛尖、桂平西山茶、老竹大方、泉岗辉白、眉茶、安吉白片、南京雨花茶、敬亭绿雪、天尊贡芽、滩茶、双龙银针、太平猴魁、源茗茶、峡州碧峰、秦巴雾毫、开化龙须、庐山云雾、安化松针、日铸雪芽、紫阳毛尖、江山绿牡丹、六安瓜片、高桥银峰、云峰与蟠毫、汉水银梭、云南白毫、遵义毛峰、九华毛峰、五盖山米茶、井岗翠绿、韶峰、古劳茶、舒城兰花、州碧云、小布岩茶、华顶云雾、南山白毛芽、天柱剑毫、黄竹白毫、麻姑茶、车云山毛尖、桂林毛尖、建德苞茶、瑞州黄檗茶、双桥毛尖、覃塘毛尖、东湖银毫、江华毛尖、龙舞茶、龟山岩绿、无锡毫茶、桂东玲珑茶、天目青顶、新江羽绒茶、金水翠峰、金坛雀舌、古丈毛尖、双井绿、周打铁茶、文君嫩绿、前峰雪莲、狮口银芽、雁荡毛峰、九龙茶、峨眉毛峰、南山寿眉、湘波绿、晒青、山岩翠绿、蒙顶甘露、瑞草魁、河西圆茶、普陀佛茶、雪峰毛尖、青城雪芽、宝顶绿茶、隆中茶、松阳银猴、龙岩斜背茶、梅龙茶、兰溪毛峰、官庄毛尖、云海白毫、莲心茶、金山翠芽、峨蕊、牛抵茶、化佛茶、贵定云雾茶、天池茗毫、通天岩茶、凌云白茶、蒸青煎茶、云林茶、盘安云峰、绿春玛玉茶、东白春芽、太白顶芽、千岛玉叶、清溪玉芽、攒林茶、仙居碧绿、七境堂绿茶、南岳云雾茶、大关翠华茶、湄江翠片、翠螺、窝坑茶、余姚瀑布茶、苍山雪绿、象棋云雾、花果山云雾茶、水仙茸勾茶、遂昌银猴、墨江云针。

青茶(乌龙茶)及其特性

乌龙茶，亦称青茶、半发酵茶，以本茶的创始人而得名。是我国几大茶类中，独具鲜明特色的茶叶品类。

乌龙茶的产生，还有些传奇的色彩，据《福建之茶》、《福建茶叶民间传说》载清朝雍正年间，在福建省安溪县西坪乡南岩村里有一个茶农，是个打猎能手，姓苏名龙，因他长得黝黑健壮，乡亲们都叫他"乌龙"。一年春天，乌龙腰挂茶篓，身背猎枪上山采茶，采到中午，一头山獐突然从身边溜过，乌龙举枪射击但负伤的山獐拼命逃向山林中，乌

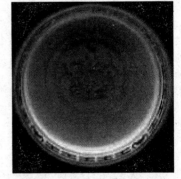

龙也随后紧追不舍，终于捕获了猎物，当把山獐背到家时已是掌灯时分，乌龙和全家人忙于宰杀、品尝野味，已将制茶的事全然忘记了。翌日清晨全家人才忙着炒制昨天采回的"茶青"。没有想到放置了一夜的鲜叶，已镶上了红边，并散发出阵阵清香，当茶叶制好时，滋味格

外清香浓厚，全无往日的苦涩之味，经过乌龙精心琢磨与反复试验，经过萎雕、摇青、半发酵、烘焙等工序，终于制出了品质优异的茶类新品——乌龙茶。安溪也遂之成了乌龙茶的著名茶乡了。

乌龙茶综合了绿茶和红茶的制法，其品质介于绿茶和红茶之间，既有红茶浓鲜味，又有绿茶清芬香并有"绿叶红镶边"的美誉。品尝后齿颊留香，回味甘鲜。乌龙茶的药理作用，突出表现在分解脂肪、减肥健美等方面。在日本被称之为"美容茶"、"健美茶"。

形成乌龙茶的优异品质，首先是选择优良品种的茶树鲜叶作原料，严格掌握采摘标准、其次是极其精细的制作工艺。乌龙茶因其做青的方式不同，分为"跳动做青"、"摇动做青"、"做手做青"三个大类。商业上习惯根据其产区不同分为：闽北乌龙、闽南乌龙、广东乌龙、台湾乌龙等大类。乌龙茶为我国特有的茶类，主要产于福建的闽北、闽南及广东、台湾三个省。近年来四川、湖南等省也有少量生产。

乌龙茶由宋代贡茶龙团、凤饼演变而来，创制于1725年(清雍正年间)前后。据福建《安溪县志》记载："安溪人于清雍正三年首先发明乌龙茶做法，以后传入闽北和台湾。"另据史料考证，1862年福州即设有经营乌龙茶的茶栈，1866年台湾乌龙茶开始外销。现在乌龙茶除了内销广东、福建等省外，主要出口日本、东南亚和港澳地区。

各类乌龙茶名：武夷岩茶、武夷肉桂、闽北水仙、铁观音、白毛猴、八角亭龙须茶、黄金桂、永春佛手、安溪色种、凤凰水仙、台湾乌龙、台湾包种、大红袍、铁罗汉、白冠鸡、水金龟。

黄茶及其特性

黄茶的品质特点是"黄叶黄汤"。这种黄色是制茶过程中进行闷堆渥黄的结果。黄茶分为黄芽茶、黄小茶和黄大茶三类。黄茶芽叶细嫩，显毫，香味鲜醇。由于品种的不同，在茶片选择、加工工艺上有相当大的区别。比如，湖南省岳阳洞庭湖君山的"君山银针"茶，采用的全是肥壮的芽头，制茶工艺精细，分杀青、摊放、初烘、复摊、初包、复烘、再摊放、复包、干燥、分级等十道工序。加工后的"君山银针"茶外表披毛，色泽金黄光亮。

黄茶具有"黄叶黄汤"的特色，属于轻发酵茶。这种黄色主要是制茶过程中进行渥堆闷黄的结果。黄茶可分为黄大茶、黄小茶和黄芽茶三类。

黄大茶：著名的品种有安徽的霍山黄大茶、广东的大叶青等。

黄小茶：著名的品种有湖南宁乡的沩山毛尖、湖南岳阳的北港毛尖、湖北的远安鹿苑、浙江的平阳黄汤等。

黄芽茶：著名的品种有湖南岳阳的君山银针、四川名山的蒙顶黄芽、安徽霍山的霍山黄芽、浙江德清的莫干黄芽等。

各类黄茶名：君山银针、蒙顶黄芽、北港毛尖、鹿苑毛尖、霍山黄芽、沩江白毛尖、温州黄汤、皖西黄大茶、广东大叶青、海马宫茶。

红茶及其特性

红茶，以适宜制作本品的茶树新芽叶为原料，经萎凋、揉捻（切）、发酵、干燥等典型工艺过程精制而成。因其成茶色泽和冲泡的茶汤以红色为主调，故名。

红茶开始创制时称为"乌茶"。红茶在加工过程中发生了以茶多酚酶促氧化为中心的化学反应，鲜叶中的化学成分变化较大，茶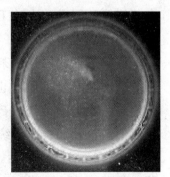多酚减少90%以上，产生了茶黄素、茶红素等新的成分。香气物质从鲜叶中的50多种，增至300多种。儿茶素和茶黄素络合成滋味鲜美的络合物，从而形成了红茶、红汤、红叶和香甜味醇的品质特征。

小种红茶：开创了中国红茶的纪元。起源16世纪。最早为武夷山一带发明的小种红茶。1610年荷兰商人第一次运销欧洲的红茶就是福建省崇安县星村生产的小种红茶（今称之为"正山小种"）。至18世纪中叶，又从小种红茶演变为工夫红茶。从 19 世纪 80 年代起，我国红茶特别是工夫红茶，在国际市场上曾占统治地位。小种红茶是福建省的特产，有正山小种和外山小种之分。正山小种产于崇安县星村乡桐木关一带，也称"桐木关小种"或"星村小种"。政和、但洋、古田、沙县及江西铅山等地所产的仿照正山品质的小种红茶，统称"外山小种"或"人工小种"。在小种红茶中，唯正山小种百年不衰，主要是因其产自武夷高山地区崇安县星村和桐木关一带，地处武夷山脉之北段，海拔 1000～1500 米，冬暖夏凉，年均气温 18°C，年降雨量 2000 毫米左右，春夏之间终日云雾缭绕，茶园土质肥沃，茶树生长繁茂，叶质肥厚，持嫩性好，成茶品质特别优异。

工夫红茶：是我国特有的红茶品种，也是我国传统出口商品。当前我国 19 个产茶省（包括试种地区新疆、西藏）中有 12 个省先后生产工夫红茶。我国工夫红茶品类多、产地广。按地区命名的有滇红工夫、祁门工夫、浮梁工夫、宁红工夫、湘江工夫、闽红工夫（含但洋工夫、白琳工夫、政和工夫）、越红工夫、台湾工夫、江苏工夫及粤红工夫等。按品种又分为大叶工夫和小叶工夫。大叶工夫茶是以乔木或半乔木茶树鲜叶制成；小叶工夫茶是以灌木型小叶种茶树鲜叶为原料制成的工夫茶。

红碎茶：我国红碎茶生产较晚，始于 20 世纪的 50 年代后期。近年来产量不断增加，质量也不断提高。红碎茶的制法分为传统制法和非传统制法两类。传统红碎茶以传统揉捻机自然产生的红碎茶为主，滋味浓但产量较低。非传统制法的红碎茶分为转子红碎茶[国外称洛托凡(Ro tO va ne)红碎茶]；C、T、C 红茶和 L、T、P（劳瑞制茶机）红碎茶。如以 C、T、C 揉切机生产红碎茶，彻底改变了传统的揉切方法。萎雕叶通过两个不锈钢滚轴间隙的时间不到一秒钟就达到了破坏细胞的目的，同时使叶子全部轧碎成颗粒状。发酵均匀而迅速，所以必须及时进行烘干，才能达到汤味浓、强、鲜的品质特征。以不同机械设备制成的红碎茶，尽管在其品质上差异悬殊，但其总的品质特征，共分为四个花色。

叶茶：传统红碎茶的一种花色，条索紧结匀齐，色泽乌润，内质香气芬芳，汤色红亮，滋味醇厚，叶底红亮多嫩茎；

碎茶：外形颗粒重实匀齐，色泽乌润或泛棕，内质香气馥郁，汤色红艳，滋味浓强鲜爽，叶底红匀；

片茶：外形全部为木耳形的屑片或皱折角片，色泽乌褐，内质香气尚纯，汤色尚红，滋味尚浓略涩，叶底红匀；

末茶：外形全部为砂粒末状，色泽乌黑或灰褐，内质汤色深暗，味香低粗涩，叶底暗红。

红碎茶产区主要是云南、广东、海南。

红茶为我国第二大茶类，出口量占我国茶叶总产量的50%左右，客户遍布60多个国家和地区。其中销量最多的是埃及、苏丹、黎巴嫩、叙利亚、伊拉克、巴基斯坦、英国及爱尔兰、加拿大、智利德国、荷兰及东欧各国。

各类红茶名：祁门功夫、湖红功夫、滇红功夫、功夫红茶、宁红功夫、宜红功夫、越红功夫、川红功夫、政和功夫、闽红功夫、坦洋功夫、白琳功夫。

白茶及其特性

白茶，顾名思义，这种茶是白色的，一般地区不多见。白茶是我国的特产，产于福建省的福鼎、政和、松溪和建阳等地，台湾省也有少量生产。白茶生产已有200年左右的历史，最早是由福鼎县首创的。该县有一种优良品种的茶树——福鼎大白茶，茶芽叶上披满白茸毛，是制茶的上好原料，最初用

这种茶片生产出白茶。茶色之所以是白色是由于人们采摘了细嫩、叶背多白茸毛的芽叶，加工时不炒不揉，晒干或用文火烘干，使白茸毛在茶的外表完整地保留下来，这就是它呈白色的缘故。

白茶最主要的特点是毫色银白，素有"绿妆素裹"之美感，且芽头肥壮，汤色黄亮，滋味鲜醇，叶底嫩匀。冲泡后品尝，滋味鲜醇可口，还能起药理作用。中医药理证明，白茶性清凉，具有退热降火之功效，海外侨胞往往将银针茶视为不可多得的珍品。白茶的主要品种有银针、白牡丹、贡眉、寿眉等。尤其是白毫银针，全是披满白色茸毛的芽尖，形状挺直如针，在众多的茶叶中，它是外形最优美者之一，令人非常喜爱。汤色浅黄，鲜醇爽口，饮后令人回味无穷。

各类白茶名：白毫银针、白牡丹、贡眉、白牡丹、寿眉等。

黑茶及其特性

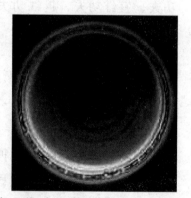

由于原料粗老，黑茶加工制造过程中一般堆积发酵时间较长，因为叶色多呈暗褐色，故称黑茶。

此茶主要供一些少数民族饮用，藏族、蒙古族和维吾尔族群众喜好饮黑茶，是日常生活中的必需品。在加工工艺上，黑茶也有自己独特的工艺。黑茶产区广阔，品种花色很多，有湖南黑茶加工的黑砖、花砖、茯砖、湖北老青茶加工的青砖茶、广西六堡茶、四川的西路边茶、云南的紧茶、扁茶、方茶和圆茶等。

各类黑茶名：湘尖、湖南黑茶、老青茶、四川边茶、六堡散茶、普洱茶、黑砖茶、茯砖茶、康砖子等。

名茶荟萃

中国现代名茶品目

中国现代名茶有数百种之多，根据其历史分析，有下列三种情况：

有一部分属传统名茶。如西湖龙井、庐山云雾、洞庭碧螺春、黄山毛峰、太平猴魁、恩施玉露、信阳毛尖、六安瓜片、屯溪珍眉、老竹大方、桂平西山茶、君山银针、云南普洱茶、苍梧六堡茶、政和白毫银针、白牡丹、安溪铁观凤凰水仙、闽北水仙、武夷岩茶、祁门红茶等；

另一部分是恢复历史名茶，也就是说历史上曾有过这类名茶，后来未能持续生产或已失传的，经过研究创新，恢复原有的名茶。如休宁松罗、涌溪火青、敬亭绿雪、九华毛峰、龟山岩绿、蒙顶甘露、仙人掌茶、天池毫、贵定云雾、青城雪芽、蒙顶黄芽、阳羡雪芽、鹿苑毛尖、霍山黄芽、顾渚紫笋、径山茶、雁荡毛峰、日铸雪芽、金奖惠明、金华举岩、东阳东白等等；

还有大部分是属于新创名茶。如婺源眉、南京雨花茶、无锡毫茶、茅山青峰、天柱剑毫、岳西翠兰、齐山翠眉、望府银毫、临海蟠毫、千岛玉叶、遂昌银猴、都匀毛尖、高桥银峰、金水翠峰、永川秀芽、上饶白眉、湄江翠片、安化松针、遵义毛峰、文君绿茶、峨眉毛峰、雪芽、雪青、仙台大白、早白尖红茶、黄金桂、秦巴雾毫、汉水银梭、八仙云雾、南糯白毫、午子仙毫等等。

近年来，全国各茶区十分重视名茶的开发研究，新创名茶层出不穷，加之全国各地各种名茶评比活动，诸如评比会、斗茶会、展评会、博览会、品尝会等等，更促进了名茶生产的发展。现就各主要产茶省生产的名茶品目及各种名茶在国内外获奖情况作一简要介绍。

各产茶省主要名茶品目

安徽省

红茶有祁门的祁红；绿茶有休宁、歙县的屯绿，黄山的黄山毛峰、黄山银钩，六安的瓜片、齐山名片，太平的太平猴魁，休宁的休宁松萝，泾县的涌溪火青、泾县特尖，青阳的黄石溪毛峰，歙县的老竹大方、绿牡丹，宣城的敬亭绿雪、天湖凤片、高峰去雾茶，金寨的齐山翠眉、齐山毛尖，舒城的兰花茶，桐城的天鹅香、桐城小花，九华山的闵园毛峰，绩溪的金山时茶，休宁的白岳黄芽、茗洲茶，潜山的天柱剑毫，岳西的翠兰，宁国的黄花云尖，霍山的翠芽，庐江的白云春毫等；黄茶有皖西黄大茶等。

浙江省

绿茶有杭州的西湖龙井、莲芯、雀舌、莫干黄芽，天台的华顶云雾，嵊县的前岗白、平水珠茶，兰溪的毛峰，建德的苞茶，长兴的顾渚紫笋，景宁的金奖惠明茶，乐清的雁荡毛峰，天目山的天目青顶，普陀的佛茶，淳安的大方、千岛玉叶、鸠坑毛尖，象山的珠山茶，东阳的东白春芽、太白顶芽，桐庐的天尊贡芽，余姚的瀑布仙茗，绍兴的日铸雪芽，安吉的白片，金华的双龙银针，婺州的举岩、翠峰，开化的龙顶，嘉兴的家园香，临海的云峰、蟠毫，余杭的径山茶，遂昌县的银猴茶，盘安的云峰，江山的绿牡丹，松阳的银猴，仙居的碧绿，泰顺的香菇寮白毫，富阳的岩顶，浦江的春毫，宁海的望府银毫，诸暨的西施银芽等。黄茶有温州黄汤。红茶有杭州的九曲红梅。

江西省

绿茶有庐山的庐山云雾，遂川的狗牯脑茶，婺源的眉茶，大鄣山云雾茶、珊厚香茶、灵岩剑峰、梨园茶、天舍厅峰、井岗翠绿，上饶的仙台大白、白眉，南城的麻姑茶，修水的双井绿、眉峰云雾、凤凰舌茶，临川的竹叶青，宁都的小布岩茶、翠微金精茶、太沽白毫，安远的和雾茶，兴国的均福云雾茶，南昌的梁渡银针、白虎银毫、前岭银毫，吉安的龙舞茶，上犹的梅岭毛尖，永新的崖雾茶，铅山的苦甘香，遂川的羽绒茶、圣绿，定南的天花茶，丰城的罗峰茶、周打铁茶，高安的瑞州黄檗茶，永修的攒林茶，金溪的云林茶，安远的九龙茶，宜丰的黄檗茶，泰和蜀口茶，南康的窝坑茶，石城的通天岩茶，吉水的黄狮茶，玉山的三清云雾等。红茶有修水的宁红茶。

四川省

绿茶有名山的蒙顶茶、蒙山甘露、蒙山春露、万春银叶、玉叶长春，雅安的峨眉毛峰、金尖茶、雨城银芽、雨城云雾、雨城露芽，灌县的青城雪芽，永川的秀芽，邛崃的文君绿茶，峨眉山的峨芯、竹叶青，雷波的黄郎毛尖，达县的三清碧兰，乐山的沫若香、重庆的巴山银芽、缙云毛峰、大足松等。红茶有宜宾的早白尖工夫红茶，南川的大叶红碎茶。紧压茶有重庆沱茶。

江苏省

绿茶有宜兴的阳羡雪芽、荆溪云片，南京的雨花茶，无锡的二泉银毫、无锡毫茶，溧阳的南山寿眉、前峰雪莲，江宁的翠螺、梅花茶，苏州的碧螺春，金坛的誉舌、茅麓翠峰、茅山青峰，连云港的花果山云雾茶，镇江的金山翠芽等。

湖北省

绿茶有恩族的玉露，宜昌的邓村绿茶、峡州碧峰、金岗银针，随州的车云山毛尖、棋盘山毛尖、云雾毛尖，当阳的仙人掌茶，大梧的双桥毛尖，红安的天台翠峰，竹溪的毛峰，宜都的熊洞云雾，鹤峰的容美茶，武昌的龙泉茶、剑毫，咸宁的剑春茶、莲台龙井、白云银毫、翠蕊茶，保康的九皇云雾，蒲圻的松峰茶，隆中的隆中茶，英山的长冲茶，麻城的龟山岩绿，松滋的碧涧茶，兴山的高岗毛尖，保康的银芽等。

湖南省

绿茶有长沙的高桥银峰、湘波绿、河西园茶、东湖银毫、岳麓毛尖，郴县的五盖山米茶、郴州碧云，江华的毛尖，桂东的玲珑茶，宜章的骑田银毫，永兴的黄竹白毫，石太的毛尖、狮口银芽，大庸的毛尖、青岩翠、龙虾茶，沅陵的碣滩茶、官庄毛尖，岳阳的洞庭春、君山毛尖，石门的牛抵茶，临湘的白石毛尖，安化的安化松针，衡山的南岳云雾茶、岳北大白，韶山的韶峰，桃江的雪峰毛尖，保靖的保靖岗针，慈利的甑山银毫，零陵的凤岭容诸笋茶，华容的终南毛尖，新华的月芽茶等。

福建省

乌龙茶有崇安武夷山的武夷岩茶，包括武夷水仙、大红袍、肉桂等，安溪的铁观音、黄金桂、色种等，崇安、建瓯的龙须茶，永春的佛手，诏安的八仙茶等。绿茶有南安的石亭绿，罗源的七境堂绿茶，龙岩的斜背茶，宁德的天山绿茶，福鼎的莲心茶等。白茶有政和、福鼎的白毫银针、白牡丹，福安的雪芽等。花茶有神州的茉莉花茶，还有茉莉银毫、茉莉春风、茉莉雀舌毫等。红茶有福鼎的白琳工夫，福安的坦洋工夫，崇安的正山小种等。

云南省

红茶有凤庆，勐海的滇红工夫红茶，云南红碎茶。黑茶有西双版纳、思茅的普洱茶。紧压茶有下关的云南沱茶。绿茶有勐海的南糯白毫、云海白毫、竹筒香茶，宜良的宝洪茶，大理的苍山雪绿，黑江的云针，绿春的玛玉茶，牟定的化佛茶，大关的翠华茶等。

广东省

乌龙茶有潮州的凤凰单枞、凤凰乌龙、凤凰水仙，还有岭头单枞、石古坪乌龙、大叶奇兰等。红茶有英德红茶、荔枝红茶、玫瑰红茶等。绿茶有高鹤的古劳茶、信宜的合箩茶等。

海南省

南海、通什、岭头等的海南红茶。

广西壮族自治区

绿茶有桂平的西山茶，横县的南山白毛茶，凌云的凌云白毫，贺县的开山白毫，昭平的象横云雾，桂林的毛尖，贵港的覃塘毛尖等。花茶有桂北的桂花茶。红茶有广西红碎茶，黑茶有苍梧六堡茶。

河南省

绿茶有信阳的信阳毛尖，固始的仰天雪绿，桐柏的太白银毫等。

山东省

绿茶有日照的雪青、冰绿等。

贵州省

绿茶有贵定的贵定云雾，都匀的都云毛尖，湄潭的湄江翠片、遵义毛峰，大方的海马宫茶，贵阳的羊艾毛峰，平坝的云针绿茶等。

陕西省

绿茶有西乡的午子仙毫，南郑的汉水银梭，镇巴的秦巴雾毫，紫阳的紫阳毛尖、紫阳翠峰，平利的八仙云雾等。

台湾省

乌龙茶有南投的冻顶乌龙，台北、花莲的包种茶等。

洞庭碧螺春

　　洞庭碧螺春茶产于江苏省吴县太湖洞庭山。相传，洞庭东山的碧螺春峰，石壁长出几株野茶。当地的老百姓每年茶季持筐采摘，以作自饮。有一年，茶树长得特别茂盛，人们争相采摘，竹筐装不下，只好放在怀中，茶受到怀中热气熏蒸，奇异香气忽发，采茶人惊呼："吓煞人香"，此茶由此得名。有一次，清朝康熙皇帝游览太湖，巡抚宋公进"吓煞人香"茶，康熙品尝后觉香味俱佳，但觉名称不雅，遂题名"碧螺春"。太湖辽阔，碧水荡漾，烟波浩渺。洞庭山位于太湖之滨，东山是犹如巨舟伸进太湖的半岛，西山是相隔几公里、屹立湖中的岛屿，西山气候温和，冬暖夏凉，空气清新，云雾弥漫，是得天独厚的茶树生长环境，加之采摘精细，做工考究，形成了别具特色的品质特点。碧螺春茶条索纤细，卷曲成螺，满披茸毛，色泽碧绿。冲泡后，味鲜生津，清香芬芳，汤绿水澈，叶底细匀嫩。尤其是高级碧螺春，可以先冲水后放茶，茶叶依然徐徐下沉，展叶放香，这是茶叶芽头壮实的表现，也是其他茶所不能比拟的。因此，民间有这样的说法：碧螺春是"铜丝条，螺旋形，浑身毛，一嫩（指芽叶）三鲜（指色、香、味）自古少"。碧螺春茶从春分开采，至谷雨结束，采摘的茶叶为一芽一叶，对采摘下来的芽叶还要进行拣剔，去除鱼叶、老叶和过长的茎梗。一般是清晨采摘，中午前后拣剔质量不好的茶片，下午至晚上炒茶。目前大多仍采用手工方法炒制，其工艺过程是：杀青、炒揉、搓团焙干。三个工序在同一锅内一气呵成。炒制特点是炒揉并举，关键在提毫，即搓团焙干工序。

碧螺春一般分为7个等级，大体上芽叶随1～7级逐渐增大，茸毛逐渐减少。碧螺春的茶叶非常娇嫩，采摘必须及时和细致。从采、拣到制，三道工序都必须非常精细。只有细嫩的芽叶，巧夺天工的高超手艺，才能形成碧螺春的色、香、味、形俱全的独特风格。

细啜慢品碧螺春的花香果味，头酌色淡、幽香、鲜雅；二酌翠绿、芬芳、味醇；三酌碧清、香郁、回甘，使人心旷神怡，仿佛置身于洞庭东西山的茶园果圃之中，领略那"入山无处不飞翠，碧螺春香百里醉"的意境，真是其贵如珍，不可多得。洞庭碧螺春茶风格独具，驰名中外，常用来招待外宾或作高级礼品，它不仅畅销于国内市场，还外销至日本、美国、德国、新加坡等地。

黄山毛峰

黄山毛峰茶产于安徽省太平县以南，歙县以北的黄山。黄山是我国景色奇绝的自然风景区。那里常年云雾弥漫，云多时能笼罩全山区，山峰露出云上，像是若干岛屿，故称云海。黄山的松或倒悬，或惬卧，树形奇特。黄山的岩峰都是由奇、险、深幽的山岩聚集而成。

云、松、石的统一，构成了神秘莫测的黄山风景区，这也给黄山毛峰茶蒙上了一种神秘的色彩。黄山毛峰茶园就分布在云谷寺、松谷庵、吊桥庵、慈光阁以及海拔1200米的半山寺周围，在高山的山坞深谷中，坡度达30～50度。这里气候温和，雨量充沛，土壤肥沃，上层深厚，空气湿度大，日照时间短。在这特殊的地理环境下，茶树天天沉浸在云蒸霞蔚之中，因此茶芽格外肥壮，柔软细嫩，叶片肥厚，经久耐泡，香气馥郁，滋味醇甜，成为茶中的上品。

黄山毛峰茶起源于清代光绪年间，而黄山茶叶在300年前就已经相当著名了。黄山茶的采制相当精细，确定清明到立夏为采摘期，采回来的芽头和鲜叶还要进行选剔，剔去其中较老的叶、茎，使芽匀齐一致。在制作方面，要根据芽叶质量，控制杀青温度，不致产生红梗、红叶和杀青不匀不透的现象；火温要先高后低，逐渐下降，叶片着温均匀，变化一致。每当制茶季节，临近茶厂就闻到阵阵清香。黄山毛峰的品质特征是：外形细扁稍卷曲，状如雀舌披银毫，汤色清澈带杏黄，香气持久似白兰。

君山银针

君山银针产于湖南省洞庭湖中的君山岛上，属于黄茶类针形茶，有"金镶玉"之称。君山茶，始于唐代，清代纳入贡茶。旧时曾经用过黄翎毛、白毛尖等名，后来，因为它的茶芽挺直，布满白毫，形似银针而得名"君山银针"。

君山又名洞庭山，岛上土壤肥沃，多为砂质土壤，年平均温度16℃～17℃，年平均降水量为1340毫米，3～9月间的相对湿度约为80%，气候非常湿润。每当春夏季节，湖水蒸发，云雾弥漫，岛上竹木丛生，生态环境十分适宜茶树的生长。

君山银针茶于清明前三四天开采，以春茶首轮嫩芽制作，且须选肥壮、多毫、长25～30毫米的嫩芽，经拣选后，以大小匀齐的壮芽制作银针。

君山银针的制作工艺非常精湛，需经过杀青、摊凉、复包、足火等八道工序，历时三四天之久。优质的君山银针茶在制作时特别注意杀青、包黄与烘焙的过程。

根据芽头的肥壮程度，君山银针可以分外特号、一号、二号三个档次。君山银针的质量超群，风格独特，为黄茶之珍品。它的外形，芽头苗壮、坚实挺直、白毫如羽，芽身金黄发亮，内质毫香鲜嫩。冲泡后，芽竖悬汤中冲升水面，徐徐下沉，再升再沉，三起三落，蔚成趣观，而汤色杏黄明净，叶底肥厚匀亮，滋味甘醇甜爽，久置不变其味。

六安瓜片

六安瓜片茶是绿茶中的名品，但由于产量的制约，很多茶客对它"只闻其名，未见其容"。绿茶按外形区分，可有7种：一是扁平挺直状的，如西湖龙井；二是芽茸状的，如碧螺春；三是芽苞状或芽尖状的，如黄山毛峰、信阳毛尖；四是圆珠状的，如平水珠茶；五是眉条状的，如屯绿；六是针状的，如南京雨花茶；还有一种便是片状的，其代表品种就是六安瓜片了。

六安瓜片产于安徽省六安县，顾名思义，外形似瓜子，呈片状。实际上这句话还不够准确，六安瓜片的真正产地在安徽省的六安、金寨和霍山三县，以金寨县齐云山鲜花蝙蝠洞所产之茶质量最高，故又称"齐云名片"。而之所以称"六安瓜片"，主要是因为金寨和霍山两县旧时同属六安州。这个地区位于皖西大别山区，山高林密，云雾弥漫，空气湿度大，年降雨量充足，具备了良好的产茶自然环境。更为奇特的是，蝙蝠洞的周围，整年有成千上万的蝙蝠云集在这里，排撒的粪便富含磷质，利于茶树生长。

六安产茶，有着悠久的历史。史书记载，六安茶始于唐代，扬名于明清，曾一度作为贡品入宫，明朝闻尤《茶笺》一书称"六安精品，入药最佳"。解放后，也曾三次被评为国家级优质名茶，出口到香港等地。据周恩来总理的卫士乔金旺回忆，总理病重期间，有一次突然提出想喝六瓜片茶，办公厅的人费了很大周折，才满足了他老人家的心愿。喝过茶后，总理解释说，抗战初期，新四军军长叶挺曾送他一大筒六安瓜片茶，喝了这种茶，就好像看到了叶挺将军。可见六安瓜片在两人心中的位置。

六安瓜片的成品，叶缘向背面翻卷，呈瓜子形，汤色翠绿明亮，香气清高，味甘鲜醇，又有清心明目、提神解乏、通窍散风之功效。如此优良的品质，缘于得天独厚的自然条件，同时也离不开精细考究的采制加工过程。瓜片的采摘时间一般在谷雨到立夏之间，较其他高级茶迟半月左右，攀片时要将断梢上的第一叶到第三四叶和茶芽，用手一一攀下，第一叶制"提片"，二叶制"瓜片"，三叶或四叶制"梅片"，芽制"银针"，随攀随炒。炒片起锅后再烘片，每次仅烘片2～3两，先"拉小火"，再"拉老火"，直到叶片白霜显露，色泽翠绿均匀，然后趁热密封储存。正如宋代梅尧臣《茗赋》所言："当此时也，女废蚕织，男废农耕，夜不得息，昼不得停"。

庐山云雾

巍峨峻奇的庐山，自古就有"匡庐奇秀甲天下"之称。庐山在江西省九江市，山从平地起，飞峙江湖边，北临长江，南对鄱阳湖，主峰大汉阳峰高耸入云，海拔1473米。

山峰多断崖陡壁，峡谷深幽，纵横交错，云雾漫山间，变幻莫测。春夏之交，常见白云绕山，有时淡云飘渺似薄纱笼罩山峰，有时一阵云流顺陡峭山峰直泻千米，倾注深谷，这一壮丽景观即著称之庐山"瀑布云"。蕴云蓄雾，给庐山平添了许多神奇的景色，且以云雾作为茶叶之命名。

据载，庐山种茶始于晋朝。唐朝时，文人雅士一度云集庐山，庐山茶叶生产有所发展。相传著名诗人白居易曾在庐山香炉峰下结茅为屋，开辟园圃种茶种药。宋朝时，庐山茶被列为贡茶。庐山云雾茶色泽翠绿，香如幽兰，味浓醇鲜爽，芽叶肥嫩显白亮。

庐山云雾茶的采摘，是在一年一度的清明节前后开始。尤其是清明之前所采的"明前茶"最为珍贵。此时大地刚刚回暖，茶芽非常稚嫩。《庐山志》中廖雨《采茶谣》记录了"明前茶"的采制："常年采茶早，今年采茶迟。四月寒风吹，石圃云根冻，护香香一丝……"。采回的嫩芽必须在当天进行处理，要经过杀青、抖散、揉捻、理条、烘干等多道加工工序。茶农加工一公斤成茶，大约需要十万多个鲜嫩的芽头。

加工好的庐山云雾，一芽一叶，色泽翠绿。浸泡出的茶汤中，含有大量茶多酚和浸出物，高香持久。

茶与水的关系密不可分，陆羽将煮茶的水分为三等。他在《茶经》中写到："其水，用山水上、江水中、井水下"。然而，庐山茶的品质，或许正是得益于庐山的自然环境和山间的泉水才越显高贵。而汉阳峰下康王谷的水，却是因庐山中有了好茶才出名。

由于庐山云雾茶品质优良，深受国内外消费者的欢迎。现在，除畅销国内市场外，还销往日本、德国、韩国、美国、英国等地，尤其是随着庐山旅游业的发展，庐山云雾茶的需求量日益增大，凡到庐山的中外游客，都买些庐山云雾茶，用以馈赠亲友。1959年，朱德同志到庐山品尝此茶时，欣然作诗称颂："庐山云雾茶，味浓性泼辣，若得长时饮，延年益寿法。"

西湖龙井

西湖龙井产于浙江省杭州市西湖周围的群山之中。多少年来，杭州不仅以美丽的西湖闻名于世界，也以西湖龙井茶誉满全球。西湖群山产茶已有千百年的历史，在唐代时就享有盛名，但形成扁形的龙井茶，大约还是近百年的事。

相传，乾隆皇帝巡视杭州时，曾在龙井茶区的天竺作诗一首，名为《观采茶作歌》。

西湖龙井茶向来以"狮（峰）、龙（井）、云（栖）、虎（跑）、梅（家坞）"排列品第，而尤以西湖龙井茶为最佳。龙井茶外形挺直削尖、扁平俊秀、光滑匀齐、色泽绿中显黄；冲泡后，香气清高持久，香馥若兰；汤色杏绿，清澈明亮，叶底嫩绿，匀齐成朵，芽芽直立，栩栩如生。品饮茶汤，沁人心脾，齿间流芳，回味无穷。

龙井茶区分布在西湖湖畔的秀山峻岭之上。这里傍湖依山，气候温和，常年云雾缭绕，雨量充沛，加上土壤结构疏松、土质肥沃，茶树根深叶茂，常年莹绿。从垂柳吐芽，至层林尽染，茶芽不断萌发，清明前所采茶芽，称为明前茶。炒一斤明前茶需七八万芽头，属龙井茶之极品。龙井茶的外形和内质是与其加工方法密切相联的。

过去，都采用七星柴灶炒制龙井茶，掌火十分讲究，素有"七分灶火，三分炒"之说法。现在，一般采用电锅，既清洁卫生，又容易控制锅温，保证茶叶质量。炒制时，分"青锅"、"烩锅"两个工序，炒制手法很复杂，一般有抖、带、甩、挺、拓、扣、抓、压、磨、挤等十大手法，炒制时，依鲜叶质量高低和锅中茶坯的成型程度，不时地改换手法，因势利炒而成。

安溪铁观音

安溪铁观音原产于福建省安溪县西坪尧阳，属青茶类，是我国乌龙茶中的极品，也是我国十大名茶之一。安溪铁观音茶历史悠久，素有茶王之称。据载，安溪铁观音茶起源于清雍正年间（1725～1735年）。安溪县境内多山，气候温暖，雨量充足，茶树生长茂盛，茶树品种繁多，姹紫嫣红，冠绝全国。

安溪铁观音茶，一年可采四期茶，分春茶、夏茶、暑茶、秋茶。制茶品质以春茶为最佳。采茶日之气候以晴天有北风天气为好，所采制茶的品质最好。因此，当地采茶多在晴天上午10时至下午3时前进行。铁观音的制作工序与一般乌龙茶的制法基本相同，但摇青转数较多，凉青时间较短。一般在傍晚前晒青，通宵摇青、凉青，次日晨完成发酵，再经炒揉烘焙，历时一昼夜。其制作工序分为晒青、摇青、凉青、杀青、切揉、初烘、包揉、复烘、烘干九道工序。其做青为形成铁观音茶色、香、味的关键。毛茶再经过筛分、风选、拣剔、干燥、匀堆等精制过程后，既成为品茶。优质铁观音茶质高超，独具风韵，品饮安溪铁观音是一种美的修养、美的享受。

品质优异的安溪铁观音茶条索肥壮紧结，质重如铁，芙蓉沙绿明显，青蒂绿，红点明，甜花香高，甜醇厚鲜爽，具有独特的品味，回味香甜浓郁，冲泡7次仍有余香；汤色金黄，叶底肥厚柔软，艳亮均匀，叶缘红点，青心红镶边。历次参加国内外博览会都独占魁首，多次获奖，享有盛誉。

祁门红茶

在红遍全球的红茶中，祁门红茶独树一帜，百年不衰，以其高香形秀著称，在国际市场上被称之为"高档红茶"，特别是在英国伦敦市场上，祁门红茶列为茶中"英豪"，每当祁门红茶新茶上市，人人争相竞购，他们认为"在中国的茶香里，发现了春天的芬芳"。

祁门红茶，简称祁红，产于黄山西南的安徽省祁门县，为工夫红茶中的珍品，1915年曾在巴拿马国际博览会上荣获金牌奖章，创制一百多年来，一直保持着优异的品质风格，蜚声中外。过去也有人将与之毗连的黟（yī）县、东至、石台、贵池等地所产的红茶统称祁红。如今这些地区所产的红茶已称"池红"。

祁红产区，自然条件优越，山地林木多，茶园多分布于海拔100～350米的山坡与丘陵地带，温暖湿润，土层深厚，雨量充沛，云雾多，很适宜于茶树生长，加之当地茶树的主体品种——楮叶种，内含物质丰富，酶活性高，很适合于工夫红茶的制造。

祁红采制工艺精细，于每年的清明前后至谷雨前开园采摘，现采现制，以保持鲜叶的有效成分。采摘一芽二、三叶的芽叶作原料，经过萎凋、揉捻、发酵，使芽叶由绿色变成紫铜红色，香气透发，然后进行文火烘焙至干。红毛茶制成后，还须进行精制，精制工序复杂花工夫，经毛筛、抖筛、分筛、紧门、撩筛、切断、风选、拣剔、补火、清风、拼和、装箱而制成。

祁门红茶独具特色，外形条索紧细秀长，金黄芽毫显露，锋苗秀丽，色泽乌润；冲泡后汤色红艳明亮，香气芬芳，馥郁持久，似苹果与兰花香味。在国际市场上被誉为"祁门香"。若加入牛奶、食糖调饮，亦颇可口，茶汤呈粉红色，香味不减，不仅含有多种营养成分，并且有药理疗效。

祁门红茶从 1875 年问世以来，为我国传统的出口珍品，久誉国际市场。该茶在国际市场上与印度大吉岭、斯里兰卡乌伐红茶齐名，并称为"世界三大高香名茶"，已出口英国、北欧、德国、美国、加拿大、东南亚等 50 多个国家和地区。

武夷大红袍

武夷大红袍，是武夷岩茶中的王者，素有"岩茶之王"的美称，堪称国宝。

大红袍母树于明末清初被发现并采制，距今已有 350 年的历史。数百年来盛名不衰，其传说颇多，广为流传。武夷山位于福建省武夷山市东南部，大红袍母树生长在武夷山天心九龙窠的悬崖峭壁上，两旁岩壁矗立，日照短，温度适宜，终年有涓涓细泉滋润茶树，由枯叶、苔藓等植物腐烂形成的有机物，肥沃土地，为茶树补充养分，使得大红袍天赋不凡，得天独厚，品质超群。

古时采摘大红袍，需焚香礼拜，设坛诵经，使用由名茶师制作的特制器具。解放初期，大红袍在采制期间有驻军看守，制作过程中的每道工序都有专人负责并称重后签字，最后加封后由专人送呈当地市人民政府。现在，大红袍母树的管理、采制已由市政府指定交由市岩茶总公司茶叶研究所管理、制作。

武夷山的红袍外形条索紧结，色泽绿褐鲜润，冲泡后汤色橙黄明亮，叶片红绿相间，具有明显的"绿叶红镶边"之美感。大红袍品质最突出之处是它的香气馥郁，香高而持久，滋味醇厚，饮后齿颊留香，"岩韵"明显，与其他名丛对照冲至九泡尚不脱原茶真味——桂花香。

云南普洱茶

云南普洱茶是云南的名茶，古今中外享有盛名，它以西双版纳地区仅有的滇青毛茶为原料，经再加工而制成的。普洱茶的历史十分悠久，早在唐代就有普洱茶的贸易了。

普洱茶采用的是优良品质的云南大叶种茶树之鲜叶，分为春、夏、秋三个规格。春茶分为"春尖"、"春中"、"春尾"三个等级；夏茶又称"二水"；秋茶又称为"谷花"。普洱茶中以春尖和谷花的品质最佳。

在古代，普洱茶是作为药用的。其品质特点是：香气高锐持久，带有云南大叶茶种特性的独特香型，滋味浓强富于刺激性；耐泡，经五六次冲泡仍持有香味，汤橙黄浓厚，芽壮叶厚，叶色黄绿间有红斑，红茎叶，条形粗壮结实，白毫密布。

普洱茶的产区，气候温暖，雨量充足，湿度较大，土层深厚，有机质含量丰富。茶树分为乔木或乔木形态的高大茶树，芽叶极其肥壮而茸毫茂密，具有良好的持嫩性，芽叶品质优异。采摘期从3月开始，可以连续采至11月。在生产习惯上，划分为春茶、夏茶、秋茶三期。采茶的标准为二、三叶。其制作方法为发酵处理制法，经杀青、初揉、初堆发酵、复揉、再堆发酵、初干、再揉、烘干八道工序。

现在，普洱茶的种植面积很广泛，已经扩大到云南省的大部分地区，以及贵州省、广西省、广东省及四川省的部分地区，原属普洱县管辖的云南澜沧江流域的西双版纳傣族自治州、思茅等地是普洱茶的最主要产区，其中又以勐海县勐海茶厂的产量最大。

普洱茶有散茶与形茶两种，运销港、澳地区及日本、马来西亚、新加坡、美国、法国等十几个国家。

冻顶乌龙

　　冻顶茶，被誉为台湾茶中之圣，产于台湾省南投县鹿谷乡。它的鲜叶采自青心乌龙品种的茶树上，故又名"冻顶乌龙"。冻顶为山名，乌龙为品种名。

　　冻顶产茶历史悠久，据《台湾通史》称：台湾产茶，其来已久，旧志称水沙连（今南投县埔里、日月潭、水里、竹山等地）社茶，色如松罗，能避瘴祛暑。至今五城之茶，尚售市上，而以冻顶为佳，惟所出无多。

　　冻顶山是凤凰山的支脉，居于海拔700米的高冈上，传说山上种茶，因雨多山高路滑，上山的茶农必须绷紧脚趾（冻脚尖）才能上山顶，故称此山为"冻顶"。冻顶山上栽种了青心乌龙茶等茶树良种，山高、林密、土质好，茶树生长茂盛。

　　冻顶乌龙茶是台湾包种茶的一种，所谓"包种茶"，其名源于福建安溪，当地茶店售茶均用两张方形毛边纸盛放，内外相衬，放入茶叶4两，包成长方形四方包，包外盖有茶行的标记，然后按包出售，称之为"包种"。台湾包种茶属轻度或中度发酵茶，亦称"清香乌龙茶"。包种茶按外形不同可分为两类：一类是条形包种茶，以"文山包种茶"为代表；另一类是半球形包种茶，以"冻顶乌龙茶"为代表。素有"北文山、南冻顶"之美誉。

　　冻顶乌龙茶的采制工艺十分讲究，采摘青心乌龙等良种芽叶，经晒青、凉青、浪青、炒青、揉捻、初烘、多次反复的团揉（包揉）、复烘、再焙火而制成。

　　冻顶乌龙茶的品质特点：外形卷曲呈半球形，其上选品外观色泽呈墨绿，鲜艳，并带有青蛙皮般的灰白点，冲泡后汤色黄绿明亮，香气高，有花香略带焦糖香，滋味甘醇浓厚，耐冲泡。冻顶乌龙茶品质优异，历来深受消费者的青睐，畅销台湾、港澳、东南亚等地，近年来中国内地一些茶艺馆也时兴饮用冻顶乌龙茶。

茶的鉴评

认识不同茶类的品质特征

　　茶叶种类繁多，名称又纷乱、混淆不清。对一般消费者而言，想要认识或辨别出不同茶类的名称和差别原已相当困难，更何况是对同一种茶类要鉴别出品质差异。通常要评鉴出同一种茶类的品质差异是需要经过专业训练的"评茶专家"才能胜任，这也就是为什么茶叶分级包装的工作必须由专业人员从事的原因。然而，要分辨出不同茶类，即辨别出是红茶抑或绿茶或包种茶、乌龙茶，相对于同一种茶类的品质分级与鉴定，前者远较后者容易许多。一般消费者只要稍稍用心学习，大部分皆能成功地认清或辨识出不同茶类的名称和差异。

　　无论是与亲朋好友到茶艺馆品茗聊天，或者是到茶行选购茶叶，抑或路过茶区参观游览，面对种类繁多，琳琅满目的茶类，很多消费者往往不能确信自己究竟要购买什么样的茶类才适合自己的口味，其实要认识不同茶类的品质特征不难，只要花一点儿时间学习，一定能准确地认清自己究竟适合什么样的茶类，认识究竟有多少种茶类，而茶叶分类又是依据什么来分类。这是一般消费者想进入"茶叶世界"的第一道门，再进一步认识不同茶类的品质特征和差异，则是进入茶世界的第二道门，如果能了解不同茶类的品质特征为何，其间又有什么差异，喝了以后感觉会如何及呈现怎样的意境，将有助于日后如何采购茶叶，以及进入缤纷多彩的茶叶世界。

　　一、忠于原味、纯净无瑕的"纯真稚子"——绿茶

　　绿茶属不发酵茶类，绿茶再细分主要又可分成两种，一种是炒青绿茶，如龙井、碧螺春和珠茶等，另一种是蒸青绿茶，如煎茶和玉露。这两种绿茶是标准不同的绿茶，如果要认识绿茶，至少要记住绿茶主

要可分成炒青绿茶和蒸青绿茶两种。炒青绿茶是中国大陆主要产制之茶叶，而蒸青绿茶主要是日本特产。

绿茶的加工，不论从加工层次或加工手法及品质特征来论，绿茶是所有茶类当中最接近原始自然又不矫揉造作的一种茶类。绿茶之加工是采新鲜茶菁嫩叶，不经任何发酵处理，进厂后就立即杀菁（杀死酵素活性，使茶菁化学成分不再进行氧化作用）而制成，所以保留了新鲜茶菁最原始之风貌。

一般绿茶皆含丰富的氨基酸和维生素C，氨基酸含量愈高绿茶的品质愈佳，这已明确被证实，维生素C的含量可作为绿茶品质好坏的间接指针。

绿茶的品质特点是讲究新鲜自然、忠于原味，茶汤务必要甘甜鲜爽，同时带清清淡淡的青草香或熟栗香，由于绿茶含丰富氨基酸，所以茶汤远较其他茶类鲜爽甘甜，又大部分保留了原始风貌，未经氧化，所以绿茶呈现出"青汤绿叶、新鲜自然"的典型特征。

如何形容绿茶的品质特征，只有一句纯真自然，忠于原味，宛若洁净无瑕的"纯真稚子"可以形容。喝了绿茶有一种令人返璞归真，恬淡自适，天人合一的感觉，这也就是为什么日本人特别钟情于煎茶，同时衍生出日本茶道那种"和、敬、清、寂"幽旷深远的意境，如果谁有兴趣喝绿茶，应该慢慢去体会那种幽旷清寂又自然原始的意境。

二、香气清扬、含苞待放的"青春少女"——文山包种茶

文山包种茶属轻发酵茶类，外观呈条索状，色泽墨绿。如果说绿茶忠于原味，纯净自然宛如天真无邪的"纯真稚子"，那讲究香气务必要清扬，滋味要甘醇活泼的文山包种茶，就该形容为含苞待放的"青春少女"。喝了绿茶令人顿生幽旷清寂、恬淡自适的感觉，而喝了文山包种茶则令人产生一种愉悦活泼的清扬气息。如果说绿茶忠于原味是它的典型特征，那文山包种茶清扬的香气就是它典型的特征。

世界上没有一种茶类像文山包种茶如此讲究香气品质，这种茶可以号称是世界上最讲究香气品质的茶类。文山包种茶的加工，不论从

加工层次或手法来论，它就像呵护情窦初开的少女，极尽温柔体贴、小心翼翼，很少茶类像文山包种茶的制造需要这样轻手轻脚，一路小心呵护到底。由于是轻发酵茶，文山包种茶大部分的成分也未氧化，所以风味比较趋近于绿茶，而介于绿茶与冻顶乌龙茶中间。典型的文山包种茶特征是：第一，香气一定要清扬，带有明显的花香；第二，滋味要甘醇；第三，茶汤要呈亮丽的绿黄色。总之，如果谁想要有那种一下子就能飞扬奔放、激越愉快的感觉，那就该喝文山包种茶看看。

三、风韵十足、妖娆妩媚的"窈窕淑女"——冻顶乌龙茶

冻顶乌龙茶是目前台湾省名气最响亮，同时也最受消费市场青睐的茶类，冻顶乌龙茶属部分发酵茶类当中的一种，实际上应属"半球形包种茶"，然而长久以讹传讹的结果，大家普遍误以为冻顶乌龙茶为"乌龙茶"。与冻顶乌龙茶同属"半球形包种茶"者如松柏常青茶、竹山（或杉林溪）乌龙茶、梅山乌龙茶、玉山乌龙茶、阿里山珠露、阿里山乌龙茶、龙泉茶、金萱茶、翠玉茶、四季春、高山茶……其实都隶属部分发酵茶类当中的半球形包种茶，这种茶是目前台湾省产制最多也是最主要的茶类，它的发酵程度较文山包种茶稍重（成熟），外观呈紧结墨绿之半球状，加工过程繁复精细，极耗人力。不论从加工层次或加工手法，乃至于品质特征来看，冻顶乌龙茶绝然像是风韵十足、妖娆妩媚的"窈窕淑女"，与绿茶和文山包种茶比较，冻顶乌龙茶的加工层次和加工手法相对较世故成熟许多，绿茶像全然不经世事的"纯真稚子"，所以保留最原始新鲜纯净的风味，而文山包种茶略经发酵（约10％之发酵程度），像初探人生世事的青春少女，呈现清扬奔放的气息，但仍不失纯真，冻顶乌龙茶则是已历经些许沧桑世事，发酵程度已达30％左右，所以呈现较成熟也世故的风味。

典型冻顶乌龙茶的特征是"喉韵十足"，带明显的人工焙火韵味与香气，饮后令人回味无穷，宛如窈窕淑女之情深意长、风韵绵延。如果文山包种茶是世界上最讲究香气的茶类，那冻顶乌龙茶则是最讲究喉韵的茶类。值得一提的是，如果没有那显著的焙火韵味和香气就不

是典型的冻顶乌龙茶特征，然而，除非喜欢这种高度人工再加工焙火而产生出来的烘焙香气与韵味，否则最好暂时先不要喝冻顶乌龙茶，因为全赖烘焙以产生香气，这样加工出来的茶，全然失去了茶叶固有的清香和纯真，同时对茶叶的本质特性，也形成过度加工和矫饰的风味。只是如果喜欢享受那种喝了后，令人回味无穷，恍若苦尽甘来、云淡风轻、情意绵延的意境，那冻顶乌龙茶将会是最佳选择。

四、雍容华贵、风华绝代的"中年贵妇"——白毫乌龙茶

严格说来，在茶叶的分类上，若要说是真正的乌龙茶，只有白毫乌龙茶才算是真正的"乌龙茶"。白毫乌龙茶（又名膨风茶、东方美人茶、香槟乌龙茶）可以号称是全世界最贵的茶，它亦属部分发酵茶类当中发酵程度较重的一种茶，这种茶的特征，不仅加工精细，最大的特征是：别的茶类做一斤（600 克）只需约一千至两千个茶芽即可制成，而白毫乌龙茶却需至少三至四千个茶芽才能制成，几乎全部由鲜嫩的新芽所制成。白毫乌龙茶只限产于夏季，限产于台湾省新竹县北埔、峨嵋及苗栗一带，限用手采茶菁，且唯有经小绿叶蝉感染者才能制成佳品质之白毫乌龙茶，从以上诸多条件限制，造就白毫乌龙茶不但极其名贵稀少，且为典型名茶中之名茶、特产中之特产，全世界绝无仅有，是只有台湾新竹、苗栗才有的特产。

白毫乌龙茶的品质特征，由于它是半发酵茶类当中发酵程度较重的一种茶类，所以它不会像其他半发酵茶很容易带有一种令人不快的"生菁臭"或"臭菁味"，又因为加工过程必须经过较低温炒青和干燥处理，所以不会像冻顶乌龙茶带有显著的焙火韵味。又由于全部都是采幼嫩芽叶制成，白毫乌龙茶亦含丰富的氨基酸，所以茶汤具有明显的甘甜爽口之滋味，再者由于重发酵处理，儿茶素几乎一半以上被氧化，所以不苦不涩。典型的白毫乌龙茶品质特征必须是香气带有明显的天然熟果香，滋味具蜂蜜般的甘甜，外观艳丽多彩具明显的红、白、黄、褐、绿五色，形状自然卷缩宛如花朵，泡出来的茶汤呈鲜亮的琥珀色，它的品质特点比较趋近于红茶，而介于冻顶乌龙茶及红茶间。怎样形容白毫乌龙茶的品质特征呢？由于它的加工比较成熟（发酵较重），远较文山包种茶和冻顶乌龙茶发酵更重，同时其香味成分大部分是由发酵后所生成，风味更趋近于成熟的韵味，更由于它的名贵稀少，所以只能以一句"宛如雍容华贵风华绝代的中年贵妇"来形容。喝白毫乌龙茶令人产生那皇宫贵族豪华气派高不可攀的气息，这也就是为什么早期白毫乌龙茶外销至英国时，英国女王维多利亚品尝后，赞不绝口，而特地命名为"东方美人茶"的缘由。

五、老成持重、忧郁内敛的"中年男子"——铁观音茶

铁观音是茶名同时也是茶树品种名，在茶叶分类上铁观音亦属部分发酵茶，发酵程度略高于冻顶乌龙茶。如同冻顶乌龙茶，铁观音也是非常讲究喉韵的一种茶类，这两种茶类加工的共同特点是皆需经过"复炒团揉"的流程，唯铁观音是采"包布焙"的流程，即把初干的茶叶包在一块方布巾中，再用人工或机械揉成团，随后置于焙笼上用文火长时间慢慢烘焙，使茶叶成形并生铁观音独特的香味，这种做法在其他茶类中绝无仅有，唯独铁观音采用此种加工法。其实，铁观音这种"包布焙"的做法，与冻顶乌龙茶（或半球形包种茶）采用"复炒复揉"的流程几乎完全相近，都是其独特风味（焙火香与喉韵）形成的关键。铁观音的加工与冻顶乌龙茶的加工同样极耗人力，甚至有过之而无不及，很少茶类像铁观音需要这样长时间的加热烘焙处理。新鲜茶菁经过铁观音这样繁复琐碎的加工流程，就好像历尽沧桑、尝尽了人生酸甜苦辣、忧郁沉重的中年男子，完全失去了纯真自然的本色。

铁观音茶的品质特征呢？其外观由于一揉再揉，呈现几乎近圆球状，外观色泽乌润，整体感觉像铁一般沉重，茶汤则是黄褐色，香味带明显的火香和弱果酸味。最值得一提的是，铁观音和冻顶乌龙茶是利用宜兴式紫砂壶冲泡"老人茶"最适宜的两种茶，这两种茶的特点皆是经久耐泡、喉韵十足。喝铁观音茶有一种明显的忧郁沉重又内敛含蓄的气息，它的风味苦甘郁沉，仿佛舒展不开。如果不喜欢那种忧郁沉重、内敛含蓄的深沉气息，还是不要喝铁观音，反之如果喜欢那种

仿佛历尽沧桑，尝尽了人生酸甜苦辣，一切世事尽在不言中的意境，铁观音就是典型的这种茶。

六、风情万种、变化多端的"千变女郎"——7143红茶

红茶是全发酵茶，它的化学成分几乎都已被氧化。红茶不仅是当今全世界产量最多的茶类，同时也是消费最广的茶叶。全球年产茶叶量约250万吨，其中约有80%是红茶，可见红茶产量之多和消费之广。

红茶的品质特征，由于大部分成分都已被氧化，含丰富的儿茶素氧化产物，如茶黄质与茶红质化合物，茶黄质含量愈高，红茶品质愈佳，其汤色鲜红明亮且滋味带评茶专家所谓之"活性"，所以茶黄质含量之多寡是红茶品质好坏相当重要的指针。

好的红茶外观色泽应乌黑带光泽，汤色要澄清鲜红，香味要具焦糖香或甜香。高品质红茶茶汤冷却后常会有"乳化"现象，这也是评鉴红茶品质重要指针之一。与其他茶类最大不同点是，红茶是最具包容性和变化多端的茶类，不管冷饮或热饮，清饮或添加皆有其独特风味，其他茶类的香味则具相当的专一性，很难与其他香味成分调和或包容，唯红茶例外，所以可添加研制成各式加味红茶，著名者如柠檬红茶、麦香红茶、玫瑰红茶、洛神红茶、珍珠奶茶、咖啡红茶……由于红茶具高度包容性和变化多端，其品质特征宛如风情万种、变化多端的"千变女郎"或"魔法公主"，不管男女老少、士农工商皆可接受红茶的风味。

七、金萱茶、翠玉茶、四季春和青心乌龙

金萱、翠玉、四季春和青心乌龙是茶树品种名，也是目前茶市场常听见的"茶名"。由于这四大品种制造出来的条形或半球形包种茶（俗称乌龙茶），各具有独特风味和品质特征，因此常被茶商或茶行或茶农独立出来命名及进行分级包装，实际上这四大品种制造出来的茶叶具为包种茶类。金萱茶最大的品质特征即具一股浓浓的天然"奶香"，这种天然的奶香很少茶类可以做得出来，只有金萱茶有此特征，消费者如果喜欢尝试这种"奶香"可以去选购或点选金萱茶试试看。翠玉茶则

具强烈的野香，所谓"清香扑鼻"就是翠玉茶的典型特征，有时候翠玉茶可以做出类如"野姜花香"的香气特征。四季春的特征是早春、晚冬和一年四季皆可产制，再加上四季春茶有清扬浓烈的香气，所以甚受消费市场青睐，唯滋味稍苦涩。青心乌龙是长久以来很受茶叶消费市场欢迎的茶，香气清扬、滋味醇香、不容易有缺点是青心乌龙茶最大特征，所以这四大品种制造出来的包种茶，以青心乌龙制成者通常价格较昂贵，其次为金萱或翠玉，再次为四季春。

总之，如果到茶区或茶行、茶艺馆选茶买茶，（加图青小乌龙）记得金萱茶带天然奶香，翠玉茶具清扬的野香，四季春则具浓烈的清香，但滋味稍苦，而青心乌龙是滋味醇香、香气馥郁、高品质高价位的茶。

名茶真假鉴别

1. 西湖龙井产于浙江省杭州市西湖区。茶叶为扁形，叶细嫩，条形整齐，宽度一致，为绿黄色，手感光滑，一芽一叶或二叶，芽长于叶，一般长3厘米以下，芽叶均匀成朵，不带夹蒂、碎片，小巧玲珑，茶味道清香。假茶则多是青草味，夹蒂较多，手感不光滑。

2. 碧螺春产生江苏省吴县太湖的洞庭山碧螺峰。银芽显露，一芽一叶，茶叶总长度为1.5厘米，芽为白毫卷曲形，叶为卷曲青绿色，叶底幼嫩，均匀明亮。假茶为一芽二叶，芽叶长度不齐，呈黄色。

3. 信阳毛尖产于河南信阳车云山。其外形条索紧细、圆、光、直，青黑色，一般一芽一叶或一芽二叶。假茶为卷曲形，叶片发黄。

4. 君山银针产于湖南省岳阳市君山，由未展开的肥嫩芽头制成，芽头肥壮挺直、匀齐，满披茸毛，色泽金黄光亮，香气清鲜，茶色浅黄，味甜爽，冲泡后看起来芽尖冲向水面，悬空竖立，然后徐徐下沉杯底，形如群笋出土，又像银刀直立。假银针为青草味，冲泡后银针不能竖立。

5. 六安瓜片产于安徽省六安市和金寨县的齐云山。其外形平展，每一片不带芽和茎梗，叶呈绿色光润，微向上重叠，形似瓜子，内质香气清高，水色碧绿，滋味回甘，叶底厚实明亮。假茶则味道较苦，色比较黄。

6. 黄山毛峰产于安徽省歙县黄山。其外形细嫩稍卷曲，芽肥壮、匀齐，有锋毫，形状有点像"雀舌"，叶呈金黄色，色泽嫩绿油润，香气清鲜，水色清澈、杏黄、明亮，味醇厚、回甘，叶底芽叶成朵，厚实鲜艳。假茶呈土黄色，味苦，叶底不成朵。

7. 祁门红茶产于安徽省祁门县。茶颜色为棕红色，叶长度为0.6~0.8厘米，味道浓厚，强烈醇和、鲜爽。假茶一般带有人工色素，味苦涩、淡薄，条叶形状不齐。

8. 都匀毛尖产于贵州省都匀市。茶叶嫩绿匀齐，细小短薄，一芽一叶初展，形似雀舌，长2~2.5厘米，外形条索紧细、卷曲，毫毛显露，叶底嫩绿匀齐。假茶叶底不匀，味苦。

9. 铁观音产于福建省安溪县。叶体沉重如铁，形美如观音，多呈螺旋形，色泽砂绿，光润，绿蒂，具有天然兰花香，汤色清澈金黄，味醇厚甜美，入口微苦，立即转甜，耐冲泡，叶底开展，青绿红边，肥厚明亮，每颗茶都带茶枝。假茶叶形长而薄，条索较粗，无青翠红边，冲泡三遍后便无香味。

10. 武夷岩茶产于福建省崇安县。外形条索肥壮、紧结、匀整，带扭曲条形，俗称"蜻蜓头"，叶背起蛙皮状砂粒，俗称"蛤蟆背"，滋味醇厚回苦，润滑爽口，汤色橙黄，清澈艳丽，叶底匀亮，边缘朱红或起红点，中央叶肉黄绿色，叶脉浅黄色，耐泡在 6～8 次以上。假茶开始味淡，欠韵味，色泽枯暗。

茶叶选购的基本知识

茶叶的种类很多，如何选择适合自己的呢？

如果您希望摄取较多的维他命 C，而且喜欢那种新鲜蔬草香味，可以买绿茶。如果觉得绿茶带"菁味"不喜欢，而偏好桂花的清香，那就买"包种茶"。如果认为绿茶、包种茶都太"生"，怕自己的胃喝了不舒服，那就选择发酵稍重，香气、甘醇兼具的乌龙茶。喜欢劲道十足，回甘力强，喉韵令人低回不已的茶友，可选购铁观音茶。不论向茶庄或茶农买茶叶，一般以茶叶名称、分级、价格标示清楚，以"标准泡法"（6 克冲入 150 毫升热开水浸泡五或六分钟）泡茶，以供顾客试饮的业者，比较货真价实。茶叶品质好坏，虽多少掺有饮用者主观的成分，但仍有一定的标准。

一、茶叶干燥是否良好

以手轻握茶叶微感刺手，用拇指与食指轻捏会碎的茶叶，表示茶叶干燥程度良好，含水量在 5％以下；如用力重捏不易碎，则表示茶叶已受潮回软，其品质会受到影响。

二、茶叶叶片整齐度

茶叶叶片形状、色泽整齐均匀的较好，茶梗、茶片、茶角、茶末和杂质含量比例高的茶叶，大多会影响茶汤品质，以少为佳。

三、茶叶外观色泽

各种茶叶成品都有其标准的色泽，一般以带有油光宝色或有白毫的白毫乌龙及部分绿茶为佳，包种茶以呈现有灰白点之青蛙皮颜色为贵。而茶叶的外形条索则随茶叶种类而异，龙井呈剑片状，文山包种茶为条形自然卷曲，冻顶茶呈半球形紧结，铁观音茶则为球形，白毫乌龙自然卷曲而色泽带五种颜色（白、绿、黄、红、黑），香片与红茶呈细条或细碎型。

四、闻茶叶香气

这是决定茶叶品质的主要条件之一。各类茶由于制法及发酵程度不同，干茶的香气也不一样，绿茶取其清香，包种茶具花香，乌龙茶则具特有的熟果香，红茶带有一种焦糖香，花茶则应有熏花的花香和茶香混合的强烈香气，茶汤香气以纯和浓郁为上。另外，茶叶如有油臭味、焦味、菁臭味、陈旧味、火味、闷味或其他异味者，多是劣品。

五、尝茶滋味

由于各类茶之不同，其滋味也不同，有的清香醇和，有的重在入口要刺激而稍带苦涩，有的则讲究甘润而有回味。总之，以少苦涩、带有甘滑醇味，能让口腔有充足的香味或喉韵者为好茶；若苦涩味重、陈旧味或火味重者则非佳品。

六、观茶汤色

茶叶因发酵程度重而呈现不同的水色，一般绿茶呈蜜绿色，红茶呈鲜红色，白毫乌龙呈琥珀色，冻顶乌龙呈金黄色，包种茶呈蜜黄色。除其标准水色外，茶汤要澄清鲜亮带油光，不能有混浊或沉淀物产生。

七、看茶叶叶底（泡后茶叶渣）

叶面展开度：冲泡后很快开展的茶叶，大都是粗老的茶，条索不紧结、泡水甚薄，茶汤多平淡无味且不耐泡。泡后茶叶逐次开展者，为幼嫩鲜叶所制成，且制造技术良好，茶汤浓郁、冲泡次数也多。叶面不开展或经多次冲泡仍只有小程度开展的茶叶，则不是焙火失败就是已经放置一段时间的陈茶。但白毫乌龙或龙井茶是以茶芽为重，因揉捻轻微，泡后叶底自然较易展开。

叶形整碎：叶底形状以整齐为佳，碎叶多为次级品。

茶身弹性：以手指捏叶底，一般以弹性强者为佳，表示茶菁幼嫩，制造得宜。叶脉突显，触感生硬者为老茶菁或陈茶。

叶之新旧：新茶叶底颜色新鲜明澈，陈旧茶叶底黄褐色或暗黑色。

发酵程度：红茶为全发酵茶，叶底应呈红鲜艳为佳；乌龙茶属半发酵茶，绿茶为非发酵茶，以各叶边缘都有红边，叶片中部成淡绿为上；清香型乌龙茶及包种茶为轻度发酵茶，其叶在边缘锯齿稍深位置呈红边，其他部分呈淡绿色为正常。

鉴别新茶的三种方法

一、观其色

绿茶色泽青翠碧绿，汤色黄绿明亮；红茶色泽乌润，汤色红橙泛亮，是新茶的标志。茶在贮藏过程中，构成茶叶色泽的一些物质，会在光、气、热的作用下，发生缓慢分解或氧化，如绿茶中的叶绿素分解、氧化，会使绿茶色泽变得枯灰无光，而茶褐素的增加，则会使绿茶汤色变得黄褐不清，失去了原有的新鲜色泽；红茶贮存时间长，茶叶中的茶多酚产生氧化缩合，会使色泽变得灰暗，而茶褐素的增多，也会使汤色变得混浊不清，同样会失去新红茶的鲜活感。

二、闻其香

科学分析表明，构成茶叶香气的成分有300多种，主要是醇类、酯类、醛类等特质。它们在茶叶贮藏过程中，既会不断挥发，又会缓慢氧化。因此，随着时间的延长，茶叶的香气就会由浓变淡，香型就会由新茶时的清香馥郁而变得低闷混浊。

三、品其味

因为在贮藏过程中，茶中的酚类化合物、氨基酸、维生素等构成滋味的特质，有的分解挥发，有的缩合成不溶于水的物质，从而使可溶于茶汤中的有效滋味物质减少。因此，不管何种茶类，大凡新茶的滋味都醇厚鲜爽，而陈茶却显得淡而不爽。

茶叶保存

茶叶的贮藏方法

一般家庭选购的茶叶多为罐装或散装茶，由于买回后不是一次泡完，所以就会遇到贮存的问题，以下介绍几种家庭常用的茶叶贮存方法：

一、塑料袋、铝箔袋贮存法

最好选有封口且为装食品用的塑料袋，材料厚实一些、密度高的较好，不要用有味道或再制的塑料袋。装入茶后袋中空气应尽量挤出，如能用第二个塑料袋反向套上则更佳，用透明塑料袋装茶后不宜照射阳光。以铝箔袋装茶原理与塑料袋类同。另外，将买回来的茶分袋包装，密封后装置于冰箱内，然后分批冲泡，以减少茶叶开封后与空气接触的机会，延缓品质劣变的产生。

二、金属罐装贮存法

可选用铁罐、不锈钢罐或质地密实的锡罐，如果是新买的罐子，或原先存放过其他物品留有味道的罐子，可先用少许茶末置于罐内，盖上盖子，上下左右摇晃轻擦罐壁后倒弃，以去除异味。市面上有贩售两层盖子的不锈钢茶罐，简便而实用，如能配合以清洁无味的塑料袋装茶后，再置入罐内盖上盖子，以胶带黏封盖口则更佳。装有茶叶的金属罐应置于阴凉处，不要放在阳光直射、有异味、潮湿、有热源的地方，如此，铁罐才不易生锈，亦可减缓茶叶陈化、劣变的速度。锡罐材料致密，对防潮、防氧化、阻光、防异味有很好的效果。

三、低温贮存法

将茶叶贮存的环境保持在5℃以下，也就是使用冷藏库或冷冻库保存茶叶，使用此法应注意：

贮存期 6 个月以内者，冷藏温度以维持 0℃～5℃ 最经济有效；贮藏期超过半年者，以冷冻（－10℃～－18℃）较佳。

贮存以专用冷藏（冷冻）库最好，如必须与其他食物共冷藏（冷冻），则茶叶应妥善包装，完全密封以免吸附异味。

冷藏（冷冻）库内的空气应循环良好，以达冷却效果。

一次购买多量茶叶时，应先分小包（罐）包装，再放入冷藏（冷冻）库中，每次取出所需冲泡量，不宜将同一包茶反复冷冻、解冻。

从冷藏（冷冻）库内取出茶叶时，应先让茶罐内茶叶温度回升至与室温相近，才可取出茶叶，否则骤然打开茶罐，茶叶容易凝结水汽增加含水量，使未泡完的茶叶加速劣变。

保存茶叶应注意的问题

一、茶叶并非越鲜越好

一些人在品茶时追求品新茶，喜欢买新炒的茶叶。所谓新茶就是当年春季从茶树上采摘的头几批鲜叶加工而成的茶叶。有些消费者以品新茶为乐，其实，认为茶叶越新鲜就越好的观点是一种误解。因为新茶中的咖啡因、活性生物碱以及多种芳香物含量较高，易使人的神经系统兴奋，对神经衰弱、心脑血管病患者有不良影响。另外，新茶中不经氧化的多酚类物质和醛类物质含量较多，对胃肠黏膜有很强的刺激作用，胃肠功能较差的人特别是慢性胃肠炎患者，喝新茶易引起胃肠疼痛、胀满、便秘、口干等症状。

二、茶叶受潮后的处理办法

盛夏多雨，茶叶如保管不善，吸水受潮，轻者失香，重者霉变。此时，如把受潮茶叶放在阳光下曝晒，阳光中的紫外线会破坏茶叶中的各种成分，影响茶叶的外形和色、香、味。正确的方法是，把受潮的茶叶放在干净的铁锅或烘箱中用微火低温烘烤，边烤边翻动茶叶，直至茶叶干燥发出香味即可。

三、茶叶也有保质期

茶叶极易吸湿吸异味，同时在高温高湿、阳光照射及充足氧气条件下，会加速茶叶内含成分的变化，降低茶叶的品质，甚至在短时间内使茶叶陈化变质。尤其是每年新采摘的绿茶和陈年的普洱茶，往往价值不菲，更应妥善保存。

1. 绿茶

绿茶是所有茶类中最易陈化变质的茶，极易失去光润的色泽及特有的香气。由于绿茶易吸湿气，水分达到 5% 以上时，就会变质，一次长时间存放的绿茶即使没有开封也会失去香味，因此应趁新鲜时饮用，在室温下保存期约为 1 年，开封后应倒入密闭的容器内，并且应该在 1 个月以内用完。家庭贮藏绿茶可采用生石灰吸湿贮藏法。即选择密封容器(如瓦缸、瓷坛或无异味的铁筒等)，将生石灰块装在布袋中，置于容器内，茶叶用牛皮纸包好放在布袋上，将容器口密封，放置在阴凉干燥的环境中。有条件的还可以将生石灰吸湿后的茶叶用镀铝复合袋包装，内置除氧剂，封口后置于冰箱中，可两年左右保持茶叶品质基本不变。

2. 茉莉花茶

茉莉花茶是绿茶的再加工茶，含水量高，易变质。保管时应注意防潮，尽量存放于阴凉干燥、无异味的环境中。

3. 红茶与乌龙茶

红茶与乌龙茶相对于绿茶来说，陈化变质较慢，较易贮藏。避开光照、高温及有异味的物品，就可较长时间保存。

红茶因为已经完全发酵，保存期限比绿茶要长，罐装或用铝箔纸包装的茶包，可保存三年，放入纸袋的茶包约为两年。但是放置时间经过三年以后，香味就会消失，丧失原有的风味。

普洱茶为发酵茶，如果保存得当，会越陈越香。目前较多采用的是"陶缸堆陈法"：取一个广口陶缸，将老茶、新茶掺杂置入缸内，以利陈化。对于即将饮用的茶饼，可将其整片拆为散茶，放入陶罐中（勿选不透气的金属罐），静置半月后即可取用。这是因为一般的茶饼往往外围松透，中央气强。经过上述"茶气调和法"处置后，即可让内外互补，冲泡后可享受到较高品质的茶汤。

四、影响茶叶变质的环境因素

影响茶叶变质、陈化的主要环境条件是温度、水分、氧气、光线和它们之间的相互作用。

温度——温度愈高，茶叶外观色泽越容易变褐色，低温冷藏（冻）可有效减缓茶叶变褐及陈化。

水分——茶叶中水分含量超过5％时会使茶叶品质加速劣变，并促进茶叶中残留酵素的氧化，使茶叶色泽变质。

氧气——引起茶叶劣变的各种物质的氧化作用，均与氧气的存在有关。

光线——光线照射对茶叶会产生不良的影响，光照会加速茶叶中各种化学反应的进行，叶绿素经光线照射易褪色。

由上述可知，保存茶叶应注意如下事项：

1. 降低贮存环境温度；

2. 阻隔茶叶与水分的接触；

3. 阻隔茶叶与氧气的接触；

4. 防止光线直射。

茶道茶艺

中国茶道概论

中国茶道的概念与内涵

茶道发源于中国。中国茶道兴于唐，盛于宋、明，衰于近代。宋代以后，中国茶道传入日本、朝鲜，获得了新的发展。今人往往只知有日本茶道，却对作为日、韩茶道的源头、具有1000多年历史的中国茶道知之甚少。这也难怪，"道"之一字，在汉语中有多种意思，如行道、道路、道义、道理、道德、方法、技艺、规律、真理、终极实在、宇宙本体、生命本源等。因"道"的多义，故对"茶道"的理解也见仁见智，莫衷一是。中国茶道是以修行得道为宗旨的饮茶艺术，其目的是借助饮茶艺术来修炼身心、体悟大道、提升人生境界。

中国人的民族特性是崇尚自然、朴实谦和、不重形式，饮茶也是这样，不像日本茶道具有严格的仪式和浓厚的宗教色彩。但茶道毕竟不同于一般的饮茶。在中国饮茶分为两类：一类是"混饮"，即在茶中加盐、加糖、加奶或葱、橘皮、薄荷、桂圆、红枣，根据个人的口味嗜好，爱怎么喝就怎么喝；另一类是"清饮"，即在茶中不加入任何有损茶本味与真香的配料，单单用开水泡茶来喝。"清饮"又可分为四个层次。将茶当饮料解渴，大碗海喝，称之为"喝茶"。如果注重茶的色香味，讲究水质茶具，喝的时候又能细细品味，可称之为"品茶"。如果讲究环境、气氛、音乐、冲泡技巧及人际关系等，则可称之为"茶艺"。而在茶事活动中融入哲理、伦理、道德，通过品茗来修身养性、陶冶情操、品位人生、参禅悟道，达到精神上的享受和人格上的升华，则是中国饮茶的最高境界——茶道。

中国茶道是"饮茶之道"、"饮茶修道"、"饮茶即道"的有机结合。"饮茶之道"是指饮茶的艺术，"道"在此作方法、技艺讲；"饮茶修道"是指通过饮茶艺术来尊礼依仁、正心修身、志道立德，"道"在此作道德、真理、本源讲；"饮茶即道"是指道存在于日常生活之中，饮茶即是修道，即茶即道，"道"在此作真理、实在、本体、本源讲。下面分别予以阐释。

一、中国茶道：饮茶之道

唐人封演的《封氏闻见记》卷六"饮茶"记载："楚人陆鸿渐为茶论，说茶之功效并煎茶炙茶之法，造茶具二十四式以都统笼贮之，远近倾慕，好事者家藏一副。有常伯熊者，又因鸿渐之论广润色之，于是茶道大行，王公朝士无不饮者。"

陆羽，字鸿渐，又字季疵，号桑苎翁，唐代复州竟陵人（今湖北省天门市人）。陆羽著《茶经》三卷，分为一之源、二之具、三之造、四之器、五之煮、六之饮、七之事、八之出、九之略、十之图，共 10 章。其中，四之器叙述炙茶、煮水、煎茶、饮茶等器具 24 种，即封氏所说"造茶具二十四式"。五之煮、六之饮说"煎茶炙茶之法"，对炙茶、碾末、取火、选水、煮水、煎茶、酌茶的程序、规则作了细致的论述。封氏所说的"茶道"就是指陆羽《茶经》倡导的"饮茶之道。"《茶经》不仅是世界上第一部茶学著作，也是第一部茶道著作。

中国茶道约形成于中唐之际，陆羽是中国茶道的鼻祖。陆羽《茶经》所倡导的"饮茶之道"实际上是一种艺术性的饮茶，它包括鉴茶、选水、赏器、取火、炙茶、碾末、烧水、煎茶、酌茶、品饮等一系列的程序、礼法、规则。中国茶道即"饮茶之道"，即是饮茶艺术。

中国的"饮茶之道"，除《茶经》所载之外，宋代蔡襄的《茶录》、宋徽宗赵佶的《大观茶论》、明代朱权的《茶谱》、钱椿年的《茶谱》、张源的《茶录》、许次纾的《茶疏》等茶书都有许多记载。今天广东潮汕地区、福建武夷地区的"功夫茶"则是中国古代"饮茶之道"的继承和代表。功夫茶的程序和规划是：恭请上座、焚香静气、风和日丽、嘉叶酬宾、岩泉初沸、孟臣沐霖、乌龙入宫、悬壶高冲、春风拂面、薰洗仙容、若琛出浴、玉壶初倾、关公巡城、韩信点兵、鉴赏三色、三龙护鼎、喜闻幽香、初品奇茗、再斟流霞、细啜甘莹、三斟石乳、领悟神韵。

二、中国茶道：饮茶修道

陆羽的挚友、诗僧皎然在其《饮茶歌诮崔石使君》诗中写道："一饮涤昏寐，情思朗爽满天地；再饮清我神，忽如飞雨洒轻尘；三饮便得道，何须苦心破烦恼。……熟知茶道全尔真，唯有丹丘得如此。"皎然认为，饮茶能清神、得道、全真，神仙丹丘子深谙其中之道。皎然此诗中的"茶道"是关于茶道的最早记录。

唐代诗人卢仝的《走笔谢孟谏议寄新茶》一诗脍炙人口，"七碗茶"流传千古，卢仝也因此与陆羽齐名。"一碗喉吻润，两碗破孤闷。三碗搜枯肠，唯有文字五千卷。四碗发清汗，平生不平事，尽向毛孔散。五碗肌骨清，六碗通仙灵。七碗吃不得也。唯觉两腋习习清风生。"唐代诗人钱起《与赵莒(jǔ)茶宴》诗曰："竹下忘言对紫茶，全胜羽客醉流霞。尘心洗尽兴难尽，一树蝉声片影斜。"唐代诗人温庭筠《西陵道士茶歌》诗中则有"疏香皓齿有余味，更觉鹤心通杳冥。"这些诗是说饮茶能让人"通仙灵"，"通杳冥"，"尘心洗尽"，羽化登仙，胜于炼丹服药。

唐末刘贞亮倡茶有"十德"之说，"以茶散郁气，以茶驱睡气，以茶养生气，以茶除病气，以茶利礼仁，以茶表敬意，以茶尝滋味，以茶可行道，以茶可雅志。"饮茶使人恭敬、有礼、仁爱、志雅，可行大道。

赵佶《大观茶论》说茶"祛襟涤滞，致清导和"，"冲淡闲洁，韵高致静"，"天下之士，励志清白，竞为闲暇修索之玩。"朱权《茶谱》载："予故取烹茶之法，末茶之具，崇新改易，自成一家。……乃与客清谈欵疑话，探虚玄而参造化，清心神而出尘表。"赵佶、朱权的帝、王的高贵身份，撰著茶书，力行茶道。

由上可知，饮茶能恭敬有礼、仁爱雅志、致清导和、尘心洗尽、得道全真、探虚玄而参造化。总之，饮茶可资修道，中国茶道即是"饮茶修道"。

三、中国茶道：饮茶即道

老子认为："道法自然。"庄子认为"道"普遍地内化于一切物，"无所不在"，"无逃乎物"。马祖道一禅师主张"平常心是道"，其弟子庞蕴居士则说："神通并妙用，运水与搬柴"，其另一弟子大珠慧海禅师则认为修道在于"饥来吃饭，困来即眠。"道一的三传弟子、临济宗开山祖义玄禅师又说："佛法无用功处，只是平常无事。屙（ē）屎送尿，著衣吃饭，困来即眠"。道不离于日常生活：修道不必于日用平常之事外用功夫，只须于日常生活中无心而为，顺任自然。自然地生活，自然地做事，运水搬柴，著衣吃饭，涤器煮水，煎茶饮茶，道在其中，不修而修。

道法自然，修道在饮茶。大道至简，烧水煎茶，无非是道。饮茶即道，是修道的结果，是悟道后的智慧，是人生的最高境界，是中国茶道的终极追求。顺其自然，无心而为，要饮则饮，从心所欲。不要拘泥于饮茶的程序、礼法、规则，贵在朴素、简单，于自然的饮茶之中默契天真，妙合大道。

四、中国茶道：艺、修、道的结合

综上所说，中国茶道有三义：饮茶之道、饮茶修道、饮茶即道。饮茶之道是饮茶的艺术，更是一门综合性的艺术。它与诗文、书画、建筑、自然环境相结合，把饮茶从日常的物质生活上升到精神文化层次；饮茶修道是把修行落实于饮茶的艺术形式之中，重在修炼身心、了悟大道；饮茶即道是中国茶道的最高追求和最高境界，煮水烹茶，无非妙道。

在中国茶道中，饮茶之道是基础，饮茶修道是目的，饮茶即道是根本。饮茶之道，重在审美艺术性；饮茶修道，重在道德实践性；饮茶即道，重在宗教哲理性。

中国茶道集宗教、哲学、美学、道德、艺术于一体，是艺术、修行、达道的结合。在茶道中，饮茶艺术形式的设定是以修行得道为目的，饮茶艺术与修道合二而一，艺之为道，道之为艺。所以，中国茶道既是饮茶的艺术，也是生活的艺术，更是人生的艺术。

中国茶道四大流派

由于文化背景不同，中国形成了四大茶道流派。贵族茶道生发于"茶之品"，旨在夸示富贵；雅士茶道生发于"茶之韵"，旨在艺术欣赏；禅宗茶道生发于"茶之德"，旨在参禅悟道；世俗茶道生发于"茶之味"，旨在享乐人生。

一、贵族茶道

由贡茶而演化为贵族茶道，达官贵人、富商大贾、豪门乡绅于茶、水、火、器无不借权力和金钱而求其极，其用心皆是炫耀。源于明清的潮闽功夫茶，即贵族茶道，发展至今，已日渐大众化。

茶虽为洁品，一旦被列为贡品，首先享用它的自然是皇帝、皇妃，继而推及皇室成员，再是达官贵人，从而使茶失去了质朴纯洁的特点。

茶列为贡品的记载最早见于晋代常璩著的《华阳国志·巴志》：周武王姬发联合当时居住川、陕一带的几个方国共同伐纣，大获全胜。此后，巴蜀之地所产的茶叶便正式列为朝廷贡品。此事发生在公元前1135年，距今有3000多年之久。

列为贡品从客观上讲是抬高了茶叶作为饮品的身价，推动了茶叶生产的大发展，刺激了茶叶的科学研究，形成了一大批名茶。中国社会是皇权社会，皇家的好恶最能影响全社会习俗。贡菜制度确立了茶叶的"国饮地位",也确立了中国是世界产茶大国、饮茶大国的地位,还确立了中国茶道的地位。

但茶一旦进入宫廷,也便失去了质朴的品格和济世活人的德行。反之,贡茶坑苦了老百姓。

为了贡茶,当时的男人无法耕种,女人无法织布,夜晚不得休息,白天不得停歇。茶的灵魂被扭曲,陆羽所创立的茶道生出一个畸形的贵族茶道。茶被装金饰银,脱尽了质朴;茶成了坑民之物,不再济世活人。达官贵人借茶显示等级秩序,夸示皇家气派。

贵族们不仅讲"茶",也讲"真水",为此,乾隆皇帝亲自参与"孰是天下第一泉"的争论,"称水法"一锤定音,钦定北京玉泉水为"天下第一泉"。为求"真水"又不知耗费多少民脂民膏。相传,唐朝宰相李德裕爱用惠泉水煎茶,便令人用坛封装,从无锡到长安"铺递",奔波数千里,劳民伤财。此后因一云游和尚点化,知其弊端,才"人不告劳,浮位乃泯"。

贵族茶道的茶人是达官贵人、富商大贾、豪门乡绅之流的人物,不必诗词歌赋、琴棋书画,但一要贵,有地位,二要富,有万贯家私。于茶艺四要"精茶、真水、活火、妙器"无不求其"高品位",用"权力"和"金钱"以达到夸示富贵的目的,似乎不如此便有损"皇权至上",有负"金钱第一"。

二、雅士茶道

古代的"士"有机会得到名茶,有条件品茗,是他们最先培养起对茶的精细感觉;茶助文思,又最先体会茶之神韵。是他们雅化茶事并创立了雅士茶道。受其影响此后相继形成茶道各流派。可以说,没有中国古代的士,便无中国茶道。

中国古代的"士"和茶有不解之缘。此处所说的"士"是已久仕的士,即已谋取功名捞得一官半职者,或官或吏,最低也是个拿一份工资的学差,而不是指范进一类中举就患疯病的腐儒,更不是严监生一类多为一根灯草而咽不下最后一口气的庸儒,那些笃实好学但又囊空如洗的寒士亦不在此列。

中国的"士"就是知识分子，士在中国要有所作为就得"入仕"。荣登金榜则成龙成凤，名落孙山则如同草芥。当然不一定个个当进士举人，给个"地师级"、"县团级"官儿做做，最起码的条件是先得温饱，方能吟诗作赋并参悟茶道。这便是中国封建时代的特点。

中国文人嗜茶在魏晋之前不多，诗文中涉及茶事的汉代有司马相如，晋代有张载、左思、郭璞、张华、杜育，南北朝有鲍令晖、刘孝绰、陶弘景等，人数寥寥，且懂品饮者只三五人而已。但唐以后凡是著名文人不嗜茶者几乎没有，不仅品饮，还咏之以诗。唐代写茶诗最多的是白居易、皮日休、杜牧，还有李白、杜甫、陆羽、卢金、孟浩然、刘禹锡、陆龟蒙等；宋代写茶诗最多的是梅尧臣、苏轼、陆游，还有欧阳修、蔡襄、苏辙、黄庭坚、秦观、杨万里、范成大等。原因是魏晋之前文人多以酒为友，如魏晋名士"竹林七贤"，山涛有八斗之量，刘伶更是拼命喝酒，"常乘一鹿车，携酒一壶，使人荷锸（chā）随之，云：死便掘地以埋"。唐以后知识界颇不赞同魏晋的所谓名士风度，一改"狂放啸傲、栖隐山林、向道慕仙"的文人作风，人人有"入世"之想，希望一展所学、留名千秋。文人作风变得冷静、务实，以茶代酒便蔚为时尚。这一转变有其深刻的社会原因和文化背景，是历史的发展把中国的文人推到这样的位置：担任茶道的主角。

中国文人颇能胜任这一角色：一则，他们多有一官半职，特别是在茶区任职的州、府、县三级的官吏近水楼台先得月，因职务之便可大品名茶。贡茶虽以皇帝为先，事实上这些官吏比皇帝还要"先尝为快"。二则，在品茗中培养了对茶的精细感觉，他们大多是品茶专家，既然"穷春秋，演河图，不如载茗一车"，茶中自有"黄金屋"，茶中自有"颜如玉"，当年为功名头悬梁、锥刺股的书生们而今全身心投入茶事中，所以，他们比别人更通晓茶艺，并在实践中不断改进茶艺，著之以文传播茶艺。三则，茶助文思，有益于吟诗作赋。李白可以"斗酒诗百篇"，这一般人做不到，喝得酩酊大醉、头脑发胀，都已经是手难握笔，何以能诗？但茶却可以令人思涌神爽，笔下生花。正如元代贤相、诗人耶律楚材在《西域从王君玉乞茶因其韵七首（其二）》中所言：

　　　　啜罢江南一碗茶，枯肠历历走雷车。

　　　　黄金小碾飞琼雪，碧玉琛瓯点雪芽。

　　　　笔阵陈兵诗思奔，睡魔卷甲梦魂赊。

　　　　精神爽逸无余事，卧看残阳补断霞。

　　茶助文思，兴起了品茶文学，品水文学，还有茶文、茶学、茶画、茶歌、茶戏等；又相辅相成，使饮茶升华为精神享受，并进而形成中国茶道。

　　雅士茶道是已成大气候的中国茶道流派。茶人主要是古代的知识分子，"入仕"的士为主体，还包括未曾发迹的士，有一定文化艺术修养的名门闺秀、青楼歌妓、艺坛伶人等。对于饮茶，主要不图止渴、消食、提神，而在乎导引人的精神步入超凡脱俗的境界，于怡情雅致的品茗中悟出点儿什么。茶人之意在乎山水之间，在乎风月之间，在乎诗文之间，在乎名利之间，希望有所发现、有所寄托、有所忘怀。"雅"体现在下列几个方面：

　　一是品茗之趣；

　　二是茶助诗兴；

　　三是以茶会友；

　　四是雅化茶事。

　　三、禅宗茶道

　　僧人饮茶历史悠久，因茶有"三德"，利于丛林修持，由"茶之德"而生发出禅宗茶道。僧人种茶、制茶、饮茶并研制名茶，为中国茶叶生产的发展、茶学的发展、茶道的形成立下了不世之功劳。日本茶道基本上归属禅宗茶道，源于中国却"青出于蓝而胜于蓝"。

　　明代乐纯著《雪庵清史》并列居士"清课"有"焚香、煮茗、习静、寻僧、奉佛、参禅、说法、作佛事、翻经、忏悔、放生……"，"煮茗"居第二，竟列于"奉佛"、"参禅"之前，这足以证明"茶佛一味"的说法是千真万确。

　　和尚饮茶的历史由来已久。《晋书·艺术传》记载：单道开是东晋时代人，在邺城昭德寺坐禅修行，常服用有松、桂、蜜之气味的药丸，饮一种将茶、姜、桂、橘、枣等合煮的名曰"茶苏"的饮料。单道开饮的是当时很正宗的茶汤。这是较早的僧人饮茶的正式记载。

壶居士《食论》中说："苦茶，久食羽化，与韭同食，令人体重。"长期喝茶可以"羽化"，大概就是唐代卢金所说的"六碗通仙灵；七碗吃不得，唯觉两腋习习清风生"。与韭菜同食，能使人肢体沉重，是否真如此，尚无人验证。作者壶居士是化名，以"居士"相称定与佛门有缘。

僧人饮茶已成传统，茶神出释门便不足为怪。陆羽生于唐开元二十一年（733 年），呱呱坠地便落于佛的怀抱。《天门县志·陆羽传》载："或言有僧晨起，闻湖畔群雁喧集，以翼覆一婴儿，收畜之。"陆羽 3 岁时，被育竞陵龙盖寺的住持僧智积禅师拾到并抚养，9 岁跟积公和尚学佛，11 岁逃离寺院，随杂戏班子流落江湖，并学习杂艺，有所成。28 岁后他长期居住在湖洲杼山一带，交了个和尚朋友，就是诗人皎然，又称"释皎然"、"僧皎然"。陆羽自小就跟着积公和尚学习煮茶技艺，并迷上了这门技艺，终于在建中元年（780 年）48 岁时在湖州完成了世界第一部茶学专著《茶经》。陆羽能写成此书与他长期在茶区生活有关，但主要得益于佛门经历。可以说，《茶经》主要是中国僧人种茶、制茶、烹茶、饮茶生活经验的总结。中国茶道在寺庙香火中熏过一番，所以自带三分佛气。

僧人为何嗜茶？其茶道生发于茶之德。佛教认为"茶有三德"，坐禅时通夜不眠；满腹时帮助消化；可抑制性欲。这三条是经验之谈。释氏学说传入中国成为独具特色的禅宗，禅宗和尚、居士日常修持之法就是坐禅，要求静坐、敛心，达到身心"轻安"，观照"明净"。其姿势要头正背直，"不动不摇，不委不倚"，通常坐禅一坐就是三个月，老和尚难以坚持，小和尚年轻瞌睡多，更难熬，饮茶正可提神驱睡魔；饭罢就坐禅，易患消化不良，饮茶正可生津化食；佛门虽清净之地，但不染红尘亦办不到，且不说年轻和尚正值青春盛期难免想入非非，就是老和尚见那拜佛的姣姣女子也难免神不守舍，饮茶既能转移注意力、抑制性欲，自当是佛门首选饮料。

僧人的另一个突出贡献就是种茶，培植名茶。茶产于山谷，而僧占名山，名山有名寺，名寺出名茶。最早的茶园多在寺院旁，稍晚才出现民间茶园。

古代多数名茶都与佛门有关。如有名的西湖龙井茶，陆羽《茶经》说："杭州钱塘天竺、灵隐二寺产茶。"宋代，天竺出的香杯茶、白云茶列为贡茶。乾隆皇帝下江南在狮子峰下胡公庙品饮龙井茶，封庙前18棵茶树为御茶。宜兴阳羡茶在汉朝就有种植，唐肃宗年间（757～762年）一位和尚将此茶送给常州刺史（宜兴古属常州）李栖筠，茶会品饮有陆羽出席，陆羽称"阳羡紫笋茶"是"芳香冠世产"，李刺史心有灵犀一点通，便建茶会督制阳羡茶进贡朝廷，自此阳羡茶点了"状元"，身价百倍。显然，阳羡茶的最早培植者是僧人。屯溪绿茶初名松萝茶，是一位佛教徒创制的。明代冯时可《茶录》记载："徽郡向无茶，近出松萝茶，最为时尚。是茶始于比丘大方，大方居虎丘最久，得采制法。其后于松萝结庵，采诸山茶于庵焙制，远迩争市，价倏翔涌，人因称松萝茶。"武夷岩茶与龙井齐名，属乌龙茶系，有"一香二清三甘四活"之美评。其中又以"大红袍"为佳。传说崇安县令久病不愈，和尚献武夷山茶，这位县官饮此茶后竟出了奇事，百病全消。为感激此茶济世活人之德，县官亲攀茶崖，把一件大红袍披于茶树之上，故此茶以"大红袍"名之。不论此说是否合情理，武夷茶与佛门有缘则是真实无伪的。安溪铁观音"重如铁，美如观音"，其名取自佛经。普陀佛茶产于佛教四大名山之一的浙江舟山群岛的普陀山，僧侣种茶用于献佛、待客，直接以"佛"名其茶。庐山云雾原是野生茶，经寺观庙宇的僧人之手培植成家生茶，并进入名茶之列。君山银针产于湖南岳阳君山，《巴陵县志》记载："君山贡茶自清始。每岁贡十八斤。谷雨前知县邀山僧采一旗一枪，白毛茸然，俗称白毛尖。"此茶仍由僧人种植。黄山毛峰是毛峰茶中极品，《黄山志》载："云雾茶，山僧就石隙微土间养之，微香冷韵，远胜匡庐。"云雾茶就是今之黄山毛峰。桂平西山茶初产于西山观音岩下。惠明茶因浙江惠明寺而得名。别说产于中国的茶，就是日本的茶也是由佛门僧人由中国带回茶种在日本种植、繁衍，由此日本才成为世界重要产茶国之一。

见之于文字记载的产茶寺庙有扬州禅智寺、蒙山智矩寺、苏州虎丘寺、丹阳观音寺、扬州大名寺和白塔寺、杭州灵隐寺、福州鼓山寺、天台雁荡山天台寺、泉州清源寺，衡山南岳寺、西山白云寺、建安能仁寺、南京栖霞寺、长兴顾清吉祥寺、绍兴白云寺、丹徒招隐寺、江西宜丰县普利寺、岳阳白鹤寺、东山洞庭寺、杭州龙井寺、徽州松萝庵、武夷天心观以及黄山松谷庵、吊桥庵和云谷寺等等。

四、世俗茶道

茶是雅物，亦是俗物。进入世俗社会，行于官场，染几分官气；行于江湖，染几分江湖气；行于商场，染几分铜臭；行于青楼，杂几分脂粉气；行于社区，染几分市侩气；行于家庭，染几分小家子气。熏得几分人间烟火，焉能不带烟火气。这便是生发于"茶之味"以"享乐人生"为宗旨的"世俗茶道"，其中大众化的部分发展前景看好。

当茶进入官场，与政治结缘，便演出一幕幕雄壮的、悲壮的、伟大的、渺小的、光明的、卑劣的历史话剧。

唐代，朝廷将茶沿丝绸之路输往海外诸国，借此打开外交局面，都城长安能成为世界大都会、政治经济文化之中心，茶也有一份功劳。

唐代，文成公主和亲西藏，带去了香茶，此后，藏民饮茶成为时尚，此事在西藏传为历史美谈。

唐代，文宗李昂太和九年(835年)，为抗议榷茶制度，江南茶农打死了榷茶使王涯，这就是茶农斗争史上著名的"甘露事变"。

明代，朝廷将茶输边易马，欲借此"以制番人之死命"，茶成了明代一个重要的政治筹码。

清代，左宗棠收复新疆，趁机输入湖茶，并作为一项固边的经济措施。

茶是个灵物，随国家政治的举措而升沉起伏，辉煌过，也晦气过。

史书记载，宋仁宗庆历四年(1044年)，宋与西夏议和，宋封元昊为夏国王，并每年给以"银七万两，绢十五万匹，茶叶三万斤"。

宋朝国人将茶贡给朝廷，朝廷又将它贡给西夏，以取悦强敌。茶负载的不是友谊，而是对强权的屈服。

在我国清代，官场钦荣有特殊的程序和含义，有别于贵族茶道、雅士茶道、禅宗茶道。在隆重场合，如拜谒上司或长者，仆人献上的盖碗茶照例不能取饮，主客同然。若贸然取饮，便视为无礼。主人若端茶，意即下了"逐客令"，客人得马上告辞，这叫"端茶送客"。主人令仆人"换茶"，表示留客，这叫"留茶"。

茶作为有特色的礼品，人情往来靠它，挖门子搭桥铺路也靠它。机构重叠，人浮于事，为官为僚的，"一杯茶，一包烟，一张'参考'看半天"。茶通用于不同场合，成事也坏事，温情又势利，茶虽洁物亦难免落入染缸，常扮演尴尬角色，借茶行"邪道"，罪不在茶。

茶入商场，又是别样面目。在广州，"请吃早茶！"是商业谈判的同义语。一壶两盏，双方边饮边谈。隔着两缕袅袅升腾的水汽打开了"商战"，看货叫板，讨价还价，暗中算计，价格厮杀，终于拍板成交，将茶一饮而尽，双方大快朵颐。没茶，这场商战便无色彩，便无诗意。只要吃得一杯早茶，纵商战败北，但那茶香仍难让人忘怀。

茶入江湖，便添几分江湖气。江湖各帮各派有了是是非非，不诉诸公堂，不急着"摆场子"打个高低，而多少讲点江湖义气，请双方都信得过的人物出面调停仲裁，地点多在茶馆，名叫"吃讲茶"。这不为错，茶道之宗旨就有"致清导和"一说。

茶道进入社区，趋向大众化、平民化，构成社区文化一大特色。如城市的茶馆就很世俗，《清稗类钞》记载："京师茶馆，列长案，茶叶与水之资，须分计之；有提壶以注者，可自备茶叶，出钱买水而已。汉人少涉足，八旗人士，虽官至三四品，亦厕身其间，并提鸟笼，曳长裙、就广坐，作茗憩，与困人走卒杂坐谈话，不以为忤也。然亦绝无权要中人之踪迹。"

民国年间的北京茶馆融饮食、娱乐为一体，卖茶水兼供茶点，还有评书茶馆，说的多是《包公案》、《雍正剑侠图》、《三侠剑》等，顾客过茶瘾又过书瘾；有京剧茶社，唱戏者有专业演员也有下海票友，过茶瘾又过戏瘾；有艺茶社，看杂耍，听相声、单弦，品品茶，乐一乐，笑一笑。

文人笔下的茶馆虽不甚雅，却颇有人间烟火气，在老残先生的"明湖居茶馆"，可欣赏鼓书艺人王小玉的演出；在鲁迅先生的"华老栓茶馆"里可听到杀革命党的传闻并目睹华小栓吃人血馒头的镜头；在沙汀先生的"其香居茶馆"可见到已成历史垃圾的袍哥、保甲长、乡绅之流；在老舍先生的"茶馆"里更可见到1889年清末社会各色人等，什么闻鼻烟的、玩鸟的、斗蛐蛐的、保镖的、吃洋教的、特务、打手等等，最后是精明一生的王掌柜解下腰带了其一生。……总之，一个小茶馆就是人间社会的缩影。

茶叶进入家庭，便有家居茶事。清代查为仁《莲坡诗话》中有一首诗：

书画琴棋诗酒花，

当年件件不离它。

而今七事皆更变，

柴米油盐酱醋茶。

茶已是俗物，日行之必需。客来煎茶，联络感情；家人共饮，同享天伦之乐。茶中有温馨。茶道进入家庭贵在随意随心，茶不必精，量家之有；水不必贵，以法为上；器不必妙，宜茶为佳。富贵之家，茶事务求精妙，可夸示富贵、夸示高雅，不足为怪；小康之家不敢攀比，法乎其中；平民家庭纵粗茶陶缶，只要烹饮得法，亦可得调趣。茶不孤傲怪僻，是能伸能屈的木中之大丈夫。

综上所述，茶作为俗物，由"之茶之味"竟生发出五花八门的茶道，可叫官场茶道、行帮茶道、情场茶道、社区茶道、平民茶道、家庭茶道，茶中有官气、有霸气、有匪气、有江湖气、有市侩气、有脂粉气、有豪气、有小家子气，这一切都发端于"口腹之欲"，其主旨是"享乐人生"，非道非佛，更无儒学的内蕴。为了学问完整些、系统些，我们可概称为"世俗茶道"。

进入 20 世纪 80 年代，生活节奏加快，市面出现了速溶茶、袋泡茶。城市里最便民的还是小茶馆，饮大碗茶，花钱少，省事，是最经济实惠的饮料。小茶馆和卖大碗茶的增多使饮茶的富贵风雅黯然失色。中国老百姓最欢迎的还是世俗茶道（主要指大众化茶道）。中国人在，茶道在，但茶道不会再是明清时代的格局。

茶道礼法

一、容貌

每个人的容貌非自己可以选择，天生丽质是靠父母的遗传之福，但并不一定能做到艺美。正如俗话所说：聪明面孔笨肚肠，有的人由于动作的协调性及悟性水平很低，给人的感觉是紧张，并不觉得美。而有的人虽相貌平平，但因为有较高的文化修养和得体的行为举止，靠自己的勤奋以神、情、技动人，就显得非常自信，灵气逼人。茶艺更看重的是气质，所以表演者应适当修饰仪表。如果真正的天生丽质，则整洁大方即可。一般的女性可以化淡妆，表示对客人的尊重，以恬静素雅为基调，切忌浓妆艳抹，有失分寸。来自内心世界的美，才是最高的境界。

二、姿态

姿态是身体呈现的样子。从中国传统的审美角度来看，人们推崇姿态的美高于容貌的美。古典诗词文献中形容一位绝代佳人，用"一顾倾人城，再顾倾人国"的句子，顾即顾盼，是"秋波一转"的样子。或者说某一女子有"林下之风"，就是指她的风姿迷人，不带一丝烟火气。茶艺表演中的姿态也比容貌重要，需要从坐、立、跪、行等几种基本姿势练起。

1. 坐姿

坐在椅子或凳子上，必须端坐中央，使身体重心居中，否则会因坐在边沿使椅（凳）子翻倒而失态；双腿膝盖至脚踝并拢，上身挺直，双肩放松；头上顶，下颌微敛，舌抵下颚，鼻尖对肚脐；女性双手搭放在双腿中间，左手放在右手上，男性双手可分搭于左右两腿侧上方。全身放松，思想安定、集中，姿态自然、美观，切忌两腿分开或跷二郎腿还不停抖动、双手搓动或交叉放于胸前、弯腰弓背、低头等。如果是作为客人，也应采取上述坐姿。若是坐在沙发上，由于沙发离地较低，端坐使人不适，则女性可正坐，两腿并拢偏向一侧斜伸（坐一段时间累了可换另一侧），双手仍搭在两腿中间；男性可将双手搭在扶手上，两腿可架成二郎腿但不能抖动，且双脚下垂，不能将一条腿横搁在另一条腿上。

2. 跪姿

在进行茶道表演的国际交流时，日本和韩国习惯采取席地而坐的方式，另外如举行无我茶会时也用此种座席。对于中国人来说，特别是南方人极不习惯，因此特别要进行针对性训练，以免动作失误，有伤大雅。

跪坐：日本人称之为"正坐"。即双膝跪于座垫上，双脚背相搭着地，臀部坐在双脚上，腰挺直，双肩放松，向下微收，舌抵上颚，双手搭放于前，女性左手在下，男性反之。

盘腿坐：男性除正坐外，可以盘腿坐，将双腿向内屈伸相盘，双手分搭于两膝，其他姿势同跪坐。

单腿跪蹲：右膝与着地的脚呈直角相屈，右膝盖着地，脚尖点地，其余姿势同跪坐。客人坐的桌椅较矮或跪坐、盘腿坐时，主人奉茶则用此姿势。也可视桌椅的高度，采用单腿半蹲式，即左脚向前跨一步，膝微屈，右膝屈于左脚小腿肚上。

3. 站姿

在单人负责一种花色品种冲泡时，因要多次离席，让客人观看茶忽坐忽站不甚方便，或者桌子较高，下坐操作不便，均可采用站姿。另外，无论用哪种姿态，都得先站立后再过渡到坐或跪等姿态，因此，站姿好比是舞台上的亮相，十分重要。站姿女性应该双脚并拢，身体挺直，头上顶，下颌微收，眼平视，双肩放松，双手虎口交叉（右手在左手上），置于胸前。男性双脚呈外八字微分开，身体挺直，头上顶上颌微收，眼平视，双肩放松，双手交叉（左手在右手上），置于小腹部。

4. 行姿

女性为显得温文尔雅，可以将双手虎口相交叉，右手搭在左手上，提放于胸前，以站姿作为准备。行走时移动双腿，跨步脚印为一直线，上身不可扭动摇摆，保持平稳，双肩放松，头上顶下颌微收，两眼平视。男性以站姿为准备，行走时双臂随腿的移动可以身体两侧自由摆动，余同女性姿势。转弯时，向右转则右脚先行，反之亦然。出脚不对时可原地多走一步，待调整好后再直角转弯。如果到达客人面前为侧身状态，需转身，正面与客人相对，跨前两步进行各种茶道动作；当要回身走时，应面对客人先退后两步，再侧身转弯，以示对客人尊敬。

三、风度

风度泛指美好的举止和姿态。在茶道活动中，各种动作均要求有美好的举止，评判一位茶道表演者的风度良莠，主要看其动作的协调性。在上文"姿态"部分内容中所述的各种姿势，实际都是采用静气功和太极拳的准备姿势，目的是为人体吐纳自如，真气运行，经络贯通，气血内调，势动于外，心、眼、手、身相随，意气相合，泡茶才能进入"修身养性"的境地。茶道中的每一个动作都要圆活、柔和、连贯，而动作之间又要有起伏、虚实、节奏，使观者深深体会其中的韵味。茶道表演者养成自己美好的举止姿态，可参加各种形体训练、打太极拳、跳民族舞、做健美操、练静气功等等。

四、礼节

心灵美所包含的内心、精神、思想等均可从恭敬的言语和动作中体现出来。表示尊敬的形式（礼节）和仪式即为礼仪，应当始终贯穿于整个茶道活动中。宾主之间互敬互重，美观和谐。

1. 鞠躬礼

茶道表演开始和结束，主客均要行鞠躬礼。有站式和跪式两种，且根据鞠躬的弯腰程度可分为真、行、草三种。"真礼"用于主客之间，"行礼"用于客人之间，"草礼"用于说话前后。

站式鞠躬："真礼"以站姿为预备，然后将相搭的两手渐渐分开，贴着两大腿下滑，手指尖触至膝盖上沿为止，同时上半身由腰部起倾斜，头、背与腿呈近 90°的弓形（切忌只低头不弯腰，或只弯腰不低头），略作停顿，表示对对方真诚的敬意，然后，慢慢直起上身，表示对对方连绵不断的敬意，同时手沿脚上提，恢复原来的站姿。鞠躬要与呼吸相配合，弯腰下倾时作吐气，身直起时作吸气，使人体背中线的督脉和脑中线的任脉进行小周天的循环。行礼时的速度要尽量与别人保持一致，以免尴尬。"行礼"要领与"真礼"同，仅双手至大腿中部即行，头、背与腿约呈 120°的弓形。"草礼"只需将身体向前稍作倾斜，两手搭在大腿根部即可，头、背与腿约呈 150°的弓形，余同"真礼"。

坐式鞠躬：若主人是站立式，而客人是坐在椅（凳）上的，则客人用坐式答礼。"真礼"以坐姿为准备，行礼时，将两手沿大腿前移至膝盖，腰部顺势前倾，低头，但头、颈与背部呈平弧形，稍作停顿，慢慢将上身直起，恢复坐姿。"行礼"时将两手沿大腿移至中部，余同"真礼"。"草礼"只将两手搭在大腿根，略欠身即可。

跪式鞠躬："真礼"以跪坐姿为预备，背、颈部保持平直，上半身向前倾斜，同时双手从膝上渐渐滑下，全手掌着地，两手指尖斜相对，身体倾至胸部与膝间只剩一个拳头的空当（切忌只低头不弯腰或只弯腰不低头），身体呈 45°前倾，稍作停顿，慢慢直起上身。同样行礼时动作要与呼吸相配，弯腰时吐气，直身时吸气，速度与他人保持一致。"行礼"方法与"真礼"相似，但两手仅前半掌着地（第二手指关节以上着地即可），身体约呈 55°前倾；行"草礼"时仅两手手指着地，身体约呈 65°前倾。

2. 伸掌礼

这是茶道表演中用得最多的示意礼。当主泡与助泡之间协同配合时，主人向客人敬奉各种物品时都可用此礼，表示的意思为："请"和"谢谢"。当两人相对时，可伸右手掌对答表示；若侧对时，右侧方伸右掌，左侧方伸左掌对答表示。伸掌姿势就是：四指并拢，虎口分开，手掌略向内凹，侧斜之掌伸于敬奉的物品旁，同时欠身点头，动作要一气呵成。

3. 寓意礼

茶道活动中，自古以来在民间逐步形成了不少带有寓意的礼节。如最常见的为冲泡时的"凤凰三点头"，即手提水壶高冲低斟反复三次，寓意是向客人三鞠躬以示欢迎。茶壶放置时壶嘴不能正对客人，否则表示请客人离开；回转斟水、斟茶、烫壶等动作，右手必须沿逆时针方向回转，左手则以顺时针方向回转，表示招手"来！来！来！"的意思，欢迎客人来观看；若相反方向操作，则表示挥手"去！去！去！"的意思。另外，有时请客人选茶点，有"主随客愿"之敬意；有杯柄的茶杯在奉茶时要将杯柄放置在客人的右手面，所敬茶点要考虑取食方便。总之，应处处从方便别人考虑，这一方面的礼仪有待于进一步地发掘和提高。

泡茶技法

冲茶水之道

中国茶品种很多，每一种茶都要喝个几年，才会产生真心得！

比如用水，水的来源受到地缘的限制，但冲茶常识必须用心掌握。

烧茶水的壶，应该避免使用金属制的材料，建议使用陶壶。出水口不应选太大的，因为泡茶还是以两人壶、四人壶最佳，出水口太大不好控制。烧水最好用炭火，但是使用炭火需要技术，没有浸润很长一段时间，用炭火烧水容易出问题。科学昌明，学茶不必从烧水开始，可以使用电、瓦斯、酒精……

首先要回忆一下物理，水中溶有气体，到沸点时，溶解的气体几乎被排出水中。而泡茶时，水中若是溶有足量的气体，对于冲泡出来的茶汤香味、滋味有增进的效果。相较以尚未开的水泡茶，开水泡茶有点"死死"的感觉，失去应有的鲜活感！增加水中溶有的气体量，最好的方法有：生水不要煮到开。可以从烧水壶的咕噜咕噜声判定，也可以从将近沸腾时，热水中的泡泡大小来区别。近乎沸腾时，关火；温度不够时，开火。但是不同的烧水材料和方式就有不同的反应，需要自己去体会。科学进步，顺便买一支100℃的温度计，可以缩短学习路径。冲茶时，将壶举高些，高冲有助于气体的溶入。但是，这会降低温度，不可不考虑。

冲茶时，把壶盖放倾斜于壶口，当它是拦板，因由媒介物增加溶气体量。但是，这样做也会降温。

将茶壶的水倒出时，高冲可增加溶气体量。从茶海倒入杯中，高冲也可以增加溶气量。

把握住溶解气体的原则，泡出来的茶汤会较鲜活，甚至会泡出以前从没泡出的香气！但是，如果泡出来的茶汤和以往相较，喝起来有闷闷的感觉，那种香气扬不起来的感觉，大半是因为冲泡温度太低。

一、传统泡法

1. 特色

道具简单，泡法自由，十分适合大众饮用。

2. 冲泡步骤

烫壶：将沸水冲入壶中至溢满为止。

倒水：将壶内的水倒出至茶船中。

置茶：将一个茶漏斗放在壶口处，然后用茶匙拨茶入壶。

注水：将烧的水注入壶中，至泡沫溢出壶口。

倒茶：

(1)先提壶沿茶船沿逆行转圈，用意在于刮去壶底的水滴，俗称"关公巡城"(是因为一般壶都是红色，刚从茶池中提出时热气腾腾，有如关公威风凛凛，带兵巡城)，注意磨壶时的方向，右手执壶的表示欢迎，喝茶时要逆时针方向磨；送客时则往顺时针方向磨；如是左手提壶，则反之。

(2)将壶中的茶倒入公道杯，可使茶汤均匀。

(3)另一种均匀茶的方法是用茶壶轮流给几个杯子同时倒茶，当将要倒完时，把剩下的茶汤分别点入各杯中，俗称"韩信点兵"。注意倒茶时不能一次倒满一杯，至七分满处为好。

分茶：将茶中的茶汤倒入茶杯中，以七分满为宜。

奉茶：自由取饮，或由专人奉上。

去渣：用渣匙将壶中茶渣清出。

以备后用：客人离去后，洗杯、洗壶，以备下次用。

二、潮州泡法

1. 特色

针对较粗制的茶，使价格不高的一般茶叶能泡出不凡的风味。讲究一气呵成，在泡茶过程中不允许说话，尽量避免干扰，使精、气、神三者达到统一的境界。对于茶具的选用、动作、时间以及茶汤的变化都有极高的要求。（类似于日本茶道，只比其逊于对器具的选用。）

2. 冲泡步骤

备茶具：泡茶者端坐，静气凝神，右边大腿上放包壶用巾，左边大腿上放擦杯白巾，桌面上放两块方巾，中间放中深的茶匙。

温壶、温盅：滚沸的热水倒入壶内，再倒入茶盅。

干壶：持壶在包壶用巾布上拍打，水滴尽后轻轻甩壶，像摇扇一样，手腕要柔，直至壶中水分完全干为止。

置茶：以手抓茶，视其干燥程度以定烘茶长短。

烘茶：置茶入壶后，若茶叶在抓茶时，感觉未受潮，不烘也可以，若有受潮，则可多烘几次。烘茶并非就火炉烤，而是以水温烘烤，如此能使粗制的陈茶，霉味消失，有新鲜感，香味上扬，滋味迅速溢出。（潮州式所用的茶壶密封性要很好，透气孔要能禁水，烘茶时可先用水抹湿接合处，以防冲水时水分渗进。）

洗杯：洪茶时，将茶盅内的水倒入杯中。

冲水：烘茶后，把壶从池中提起，用壶布包住，摇动，使壶内外温度配合均匀，然后将壶放入茶池中，再将适温的水倒入壶中。

摇壶：冲水满后，迅速提起，置于桌面巾上，按住气孔，快速左右摇晃，其用意在于使茶叶浸出物浸出量均匀。若第一泡摇四下，第二泡、第三泡则顺序减一。

倒茶：按住壶孔摇晃后，随即倒入茶海。第一泡茶汤倒完后，就用布包裹，用力抖动，使壶内上下湿度均匀。抖壶的次数与摇的次数相反。第一泡摇多抖少，往后则摇少抖多。

分杯：潮州式以三泡为止，其要求是，三泡的茶汤须一致，所以在泡茶过程中不可分神，三泡完成后，才可以与客人分杯品茗。

注：以上只是潮州的杂派泡法。

三、安溪泡法

1. 特色

安溪式泡法，重香，重甘，重纯，茶汤九泡为限，每三泡为一阶段。第一阶段闻其香气是否高，第二阶段尝其滋味是否醇，第三阶段看其颜色是否有变化。所以有口诀曰：

> 一二三香气高，
>
> 四五六甘渐增，
>
> 七八九品茶纯。

2. 冲泡步骤

备具：茶壶的要求与潮州式泡法相同，安溪式泡法以烘茶为先，另外准备闻香杯。

温壶、温杯：温壶时与潮州无异，置茶仍以手抓，只是温杯时要里外皆烫。

烘茶：与潮州式相比，时间较短，因高级茶一般保存都较好。

置茶：置茶量依茶性而定。

冲水：冲水后大约 15 秒钟即倒茶（利用这段时间将温杯水倒回池中）。

倒茶：不用公道杯，直接倒入闻香杯中，第一泡倒三分之一，第二泡依旧，第三泡倒满。

闻香：将品茗杯及闻香杯一齐放置在客人面前（品茗杯在左，闻香杯在右）。

抖壶：每泡之间，以布包壶，用力摇三次（抖壶是使内外温度保持一致，开水冲入后不摇是为使其浸出物增多。这与潮州式在摇壶意义恰恰相反，因为所用的茶品质不同）。

注：安溪在福建省南安市西，产茶自古闻名。安溪式泡法是用铁观音、武夷茶之类的轻火茶。

四、宜兴泡法

1. **特色**

此种泡法是融合各地的方法研究出的一套合乎逻辑的流畅泡法，讲究水的温度。

2. **冲泡步骤**

赏茶：由茶罐直接将茶倒入茶荷（一种盛茶的专用器皿，类似小碟）。由专人奉至饮者面前，以供其观看茶形，闻取茶香。

温壶：将热水冲入壶中至半满即可，再将壶内的水倒至茶池中。

置茶：将茶荷的茶叶拨入壶中。

温润泡：注水入壶到满为止，盖上壶盖后立即将水倒入茶公道杯中（目的是为茶叶吸收水分并可洗去茶的不洁之嫌）。

温杯烫盏：将公道杯中的水再倒入茶盅中，以提高杯的温度，有利于更好地泡制茶叶。

第一泡：将适温的热水冲入壶中，注意时间以所泡茶叶的品质而定。

干壶：拿起茶壶，先将壶底部在茶巾上沾一下，拭去壶底的水滴。

倒茶：将茶汤倒入公道杯中。

分茶：将公道杯中的茶汤倒入茶杯中，以七分满为宜。

洗壶、去渣：先将壶中的残茶取出，再冲入水将剩余茶渣清出倒入池中。

倒水：将茶池中的水倒掉。清洗一切用具，以备再用。

五、诏安泡法

1. **特色**

用于冲泡陈茶，在纸巾上分出茶形，以及洗杯的讲究。

2. **冲泡步骤**

备具：首先将布巾折叠整齐，放在泡者习惯位置，茶盘放在壶的正前方。

整茶形：因泡茶所用的都是陈年茶，碎渣较多，所以要整形，将茶置于纸方巾上，折合轻抖，粗细自然分开。整理完茶形，将茶叶放在桌上，请客人鉴赏。

烫壶：烫壶时，盖斜置壶口，连壶盖一起烫。

置茶：将烫壶用的水倒掉后，盖放在杯上，等到壶身水汽一干即可置茶，将细末倒在低处，粗形倒进流口，避免阻塞。

冲水：泡沫满溢壶口为止。

洗杯：诏安式泡法所用茶杯为蛋壳杯，极薄极轻，洗杯时将杯排放在小盘中央，每杯注水约三分之一，洗杯时双手迅速将前面两杯水倒入后面两杯中，中指托杯底，拇指拨动，食指控制平衡，在杯上洗杯，动作必须利落灵巧、运用自如，泡茶的功夫高低从洗杯动作就可断定。

诏安式以洗杯来计量茶汤浓度，第一泡以双手洗一遍，第二泡以双手洗一来回，第三泡则以单手洗一循环，主人喝的留在最后，水溢杯后，用中指擦掉一小部分水，食指、拇指捏拿倒掉。

倒茶：特别注意要轻斟慢倒，不缓不急，以巡弋式倒法，第一杯留给自己，因为含渣机会可能比较大，茶流成滴即应停止。以三巡为止；三巡后，香味尽去，皆不取。

清洁茶具：以备再用。

茶叶饮法

中国饮茶方法详解

自从我们的祖先发现和饮用茶叶以来，饮茶方法经历了一个漫长的发展变化过程。在古代，茶叶最初作为药用，是采摘生叶煎服。以后，发展为以茶当菜，煮作羹饮，或与其他食物调剂饮用，到了明代才发展成为我们现在常用的茶叶冲泡饮用的方法。同时，由于我国地域辽阔，茶类众多，风俗习惯也不相同，于是形成了各自不同的饮茶方法。不同类的茶叶的饮法，虽有相同的一面，也有一定的差异，这是必须加以明确区别的。

一、红茶饮法

从使用的茶具来分，大体可分为两种：一种是杯饮法；一种是壶饮法。一般地说，各类工夫红茶、小种红茶、袋泡红茶和速溶红茶等，大多采用杯饮法；各类红碎茶及红茶片、红茶末等，为使冲泡过的茶叶与茶汤分离，便于饮用，习惯采用于壶饮法。

从茶汤中是否添加其他调味品来划分，又可分为"清饮法"和"调饮法"两种。我国绝大部分地方饮红茶采用"清饮法"，不在茶中加添其他调料。但在广东，有些地方要在红茶里加牛奶和糖，为的是使营养更丰富、味道更好。在我国西藏、内蒙古，这种饮法更为普遍，称之为酥油茶和奶茶。通常的饮法是：先将茶叶放入预先烫热的茶壶中，冲入沸水浸泡约五分钟，然后把茶汤倒入茶杯中，冲入适量的糖、牛奶和乳酪。在茶壶中泡过一次的茶渣，一般弃去不再用。

二、绿茶饮法

绿茶在我国南方地区非常流行，是人们普遍爱饮的茶类、其饮法也随不同茶品、不同地区而异。

高级绿茶（包括各种名茶），一般习惯于用透明的玻璃杯冲泡，以显示出茶叶的品质特色，便于观赏。普通的眉茶、珠茶，往往采用瓷质茶杯冲泡。瓷杯保温性能强于玻璃杯，使茶叶中的有效成分容易浸出，可以得到比较浓厚的茶汤。低级茶叶及绿茶末，又多用壶饮法，以便于茶汤与茶渣分离，饮用方便。

江浙一带，人们大多喜欢龙井、碧螺春等名茶和高级眉茶。饮用时，十分讲究茶具的洁净和用水的质量。

三、乌龙茶饮法

乌龙茶采制工艺有许多独到之处，而泡饮方法更为讲究。

我国福建、广东两地都偏爱乌龙茶。特别是闽南人、潮汕人，在喝乌龙茶时，对茶品、茶水、茶具和冲泡技巧都十分注意。喝的大多是武夷岩茶、安溪铁观音等乌龙茶上品；泡茶时选用的是甘、净的溪水或泉水；茶具配套，小巧精致，称为"四宝"，即：玉书煨（开水壶）、潮汕炉（火炉）、孟臣罐（茶壶）、若琛瓯（茶杯）。玉书煨是扁形的薄瓷壶，能容水4两；潮汕炉，用铁制成，小巧玲珑，以硬炭做燃料，也有用甘蔗或橄榄核当作燃料的，要注意防止烟味冒入壶口；孟臣罐多出自宜兴，颜色以紫为贵，容水约2两；若琛瓯是白色的小瓷杯，容水不过二三钱，多用景德镇等地产品。饮茶时，把炉子放在墙边，上搁玉书煨煮水，同时用清水洗涤茶具；当水汽从煨口徐徐冒出时，即用沸水烫热孟臣罐和若琛瓯，再把乌龙茶放入罐内，茶量约占罐容量的六七成左右。冲入开水后，用壶盖刮去面上浮沫，然后把盖盖上，再用开水在盖上淋浴，并把若琛瓯烫热；两三分钟后，把茶汤均匀地倾入各个杯中。通常一壶茶分注四杯，每杯先倾一半，周而复始，逐渐加至八成，使每杯茶汤气味均匀。这时，一边慢慢品啜，一边又把清水放入煨里，准备冲泡第二壶茶。这种泡法，液色极浓，揭开壶盖，只见满壶茶叶，汤量却很小。一只若琛瓯只能容二三钱茶汤，也许不满一口，不过此饮法可细细品尝，回味悠长，满口生香，此饮法亦称功夫茶。

品饮乌龙茶时，拿看茶杯，从鼻端慢慢移到嘴边，乘热闻香，细品其味。特别是武夷岩茶和铁观音有一种茶香，闻香时不是把茶杯久置鼻端，而是慢慢由远及近，来回往复，即觉阵阵茶香扑面而来，品饮时甘香适口，余韵不绝。

四、花茶饮法

花茶，大多是选用芳香浓郁的鲜花和经过精工细制的绿茶熏制而成，茶有花香。花茶中以茉莉花茶为多，也最受人们的喜爱。泡饮花茶多用瓷杯，取一撮花茶置于杯内，用沸水冲泡，加盖四五分钟后即可品饮。如饮茶人数较多，往往采用壶饮法，即将适量的花茶置于壶内，冲泡四五分钟后，倾入茶杯或茶碗中饮用。

花茶的饮法，与普通绿茶相仿，但需特别注意防止香气的散失，使用的茶具、茶水要洁净无异味，最好选用白瓷有盖茶杯，以衬托花茶固有的汤色，保持花茶的芳香。

五、砖茶饮法

砖茶，亦称茶砖，是将茶叶紧固成像砖一样的形状，它是我国少数民族极为喜爱的茶种。藏族习惯将砖茶制成酥油茶饮用，而蒙古族和维吾尔族又喜欢饮用奶茶。

藏族同胞烹煮酥油茶的方法是：先将砖茶切开捣碎，加水烹煮，然后滤清茶汁，倒入预先放有酥油和食盐的搅拌器中，不断搅拌，使茶汁与酥油充分混合成乳白色的汁液。之后，将它倾入茶壶，以供食用。藏胞多用早茶，饮过数杯后，在最后一杯饮到一半时，即在茶中加入黑麦粉，调成粉糊，俗称糌粑。午饭时喝茶，一般多加麦面、奶油及糖调成糊状热食。

蒙古族同胞饮茶，除城市和农业区采用泡茶以外，牧区几乎都用铁锅（铜壶）熬煮，放入少量食盐，称为咸茶，这是日常的饮法。遇有宾客来临或遇节日喜日，则多饮奶茶。奶茶烹煮方法是，先将砖茶切开捣碎，用水煮沸数分钟，除去茶渣，放进大锅，掺入牛奶，加水煮沸，然后放进铜壶，再加适量的食盐，即可调成咸甜可口的奶茶。有的还在茶汤中加入适量经过炒焙的炒米（类似于小米）。蒙古族牧民一般每天要喝三次茶，晨午两次当饭，晚上一次才算是饮茶。

维吾尔族同胞煮茶与蒙古族同胞类似，但饮法上有自己的特点，像我们平常吃青菜一样，连汤带汁一起下肚，以弥补水果、蔬菜的不足。

六、特殊饮用法

用开水冲泡茶叶而饮，是近代比较普遍的饮茶方法。但用茶叶煮作羹饮或作为菜肴，知道的却不多。在我国云南、广西、湖南一带少数民族聚居地区，至今还存在着古时候遗留下来的几种茶叶特殊饮用法。

烤茶，也称爆冲茶。居住在云南东北、西北部及西双版纳的兄弟民族现在还习惯于饮烤茶，即用椒、姜、桂与茶共煮而饮。用于烤茶的茶叶一般是晒青毛茶。这种茶叶在初制过程中，是采用阳光干燥，含水分较高，如采用一般冲饮方法，不仅没有香气，而且有日晒味。采用烤后品饮的方法，则香气清高，回味无穷。

煨茶，亦称烧茶。云南南部的一些兄弟民族，如傣族、佤族等均习惯饮用煨茶。煨茶用的是从茶树上采下的一芽五六片叶的新鲜嫩枝条，带回家中，直接放在明火上烘烧至焦黄后，再放入茶罐内煮饮。此类茶叶因未经揉制，茶味较淡，还略带苦涩味。

打油茶。在云南、贵州、湖南、广西互相毗邻的地区一些地方村前村后、院庭周围，都种有几株茶树，任其自然生长，每年采叶一两次。将叶放入甑中或锅中蒸煮，等叶变黄，取出淌干，加米汤少许略加揉搓，再用明火烤干，充分干燥后成为打油茶的调制原料。在烹煮中需在油锅中加入花生、黄豆、芝麻、玉米花、干笋子等。据说，这种茶汤营养十分丰富，一些单位食堂也备用此茶。

竹筒茶。居住在云南南部的傣族、哈尼族、景颇族人民，有用竹筒茶当菜的食用方法。先将采下的新鲜茶叶用锅蒸煮，当叶子柔软时，放在竹帘上搓揉，然后把它装入竹筒里，用棒椿实，封口，让它缓慢发酵。经过两三个月后，筒内茶叶发黄，劈开竹筒，取出紧压的茶叶晾干，装入瓦罐中，加香油浸腌，随时可以取出当作蔬菜食用。

茶苑文艺

茶谚漫谈

　　茶谚，是我国茶叶文化发展过程中派生的又一文化现象。所谓"谚语"，用许慎著《说文解字》的话说，"谚：传言也"，也就是指群众中交口相传的一种易讲、易记而又富含哲理的俗话。茶叶谚语，就其内容或性质来分，大致属于茶叶饮用和茶叶生产两类，是一种关于茶叶饮用和生产经验的概括或表述，并通过谚语的形式、采取口传心记的办法来保存和流传。所以，茶谚不只是我国茶学或茶文化的一宗宝贵遗产，它还是我国民间文学中一枝娟秀的小花。

　　茶谚不是与茶俱有，而是当茶叶生产、饮用发展到一定阶段之后才产生的一种文化现象。我国饮茶和种茶的历史十分久远，但是关于茶谚的记述，直至唐代末年，在苏广的《十六汤品》中方见。

　　在我国整个古代茶书和其他有关文献中，基本上都未提到植茶的谚语，就是制茶和茶叶收藏方面的谚语，也直到明清期间，才有"茶是草，箬是宝"，以及《月令广义》引录的"谚曰：善蒸不若善炒，善晒不如善焙"这样两条记载。在古代条件下，茶叶的收藏防潮，主要用竹箬，以箬封口，剪箬置于茶中，用埋储"烧灰"或存放焙笼等办法，要省事得多。其后一条谚曰，所谓"善蒸不若善炒"，就是说蒸青不如炒青；"善晒不如善焙"，是指晒青不如烘青，其实这条谚语仅仅反映一些地区或一部分人对各种绿茶的推崇和喜好而已。不过，这两条茶谚，无论是现在，还是在当时，对茶类生产和茶叶保存，还是起到一定的积极作用的。

　　我国关于茶的生产技术方面的谚语，在浙江、湖南、江西，还是较多的。这里不妨以浙江的茶谚为例来剖析一下。

如提倡和劝种茶树方面的谚语，有"千茶万桑，万事兴旺"。浙江省开化县一带，有"千杉万松，一生不空，千茶万桐，一世不穷"等等，这些茶谚，都较古朴，虽然搜集于上世纪中期，但是，与种橘植果的一些谚语对照，就其风格来说，很像是明清间或更古的茶谚。浙江全省采摘茶叶的谚语面广量大，单以杭州一地这方面的谚语为例，最具代表性的谚语，如"清明时节近，采茶忙又勤""谷雨茶，满地抓""早采三天是个宝，迟采三天变成草""立夏茶，夜夜老，小满过后茶变草"以及"头茶不采，二茶不发""春茶留一丫，夏茶发一把""春茶苦，夏茶涩，要好喝，秋露白"等等，就都体现了这一采摘指导思想。必须指出，在唐代以前，从史籍记载来看，似乎是不采制秋茶的，唐代特别是唐代中期以后，随着我国茶业的蓬勃发展，秋茶的采制才逐渐盛行起来。所以，"春茶苦，夏茶涩，要好喝，秋露白"的谚语，是一条流传较早的古谚，其主要的含义，是提倡和鼓励人们采摘秋茶，并不是说秋茶的质量就真正比春茶好。

茶与诗歌

在我国古代和现代文学中，涉及茶的诗词歌赋和散文比比皆是，可谓数量巨大、质量上乘，业已成为我国文学宝库中的珍贵财富。

在我国早期的诗赋中，赞美茶的首推晋代诗人杜育《茶赋》。通过此赋，诗人以饱满的热情歌颂了祖国山川孕育的奇产——茶叶。诗中云，茶树受着丰壤甘霖的滋润，漫山遍野，生长茂盛，农民成群结队辛勤采制。晋代左思还有一首著名的《娇女诗》，非常生动地描写了两位少女的娇憨姿态和烹煮香茗的娇姿。

唐代为我国诗的极盛时期，科举以诗取士，作诗成为谋取利禄的道路，因此唐代的文人几乎无一不是诗人。此时适逢陆羽《茶经》问世，饮茶之风更盛，茶与诗词，两相推波助澜，咏茶诗大批涌现，出现大批好诗名句。

唐代杰出诗人杜甫，写有"落日平台上，春风啜茗时"的诗句。当时杜甫年过四十，蹉跎不遇，微禄难沾，有归山买田之念。此诗虽写得潇洒闲适，仍表达了他心中隐伏不平。诗仙李白豪放不羁，一生不得志，只能在诗中借浪漫而丰富的想象表达自己的理想，而现实中的他又异常苦闷，成天沉湎在醉乡。正如他在诗中所云："三百六十日，日日醉如泥。"当他听说荆州"玉泉真公"因常采饮"仙人掌茶"，虽年愈八十，仍然颜面如桃花时，也不禁对茶唱出了赞歌："常闻玉泉山，山洞多乳窟。仙鼠如白鸦，倒悬清溪月。茗生此中石，玉泉流不歇。根柯洒芳津，采服润肌骨。丛老卷绿叶，枝枝相接连。曝成仙人掌，似拍洪崖肩。举世未见之，其名定谁传……"

中唐时期最有影响的诗人白居易，对茶怀有浓厚的兴味，一生留下了不少咏茶的诗篇。他的《食后》云："食罢一觉睡，起来两瓯茶；举头看日影，已复西南斜。乐人惜日促，忧人厌年赊；无忧无乐者，长短任生涯。"诗中写出了他食后睡起，手持茶碗，无忧无虑、自得其乐的情趣。

以饮茶而闻名的卢仝，自号玉川子，隐居洛阳城中。他作诗豪放怪奇，独树一帜。他在名作《饮茶歌》中，描写了他饮七碗茶的不同感觉，步步深入，诗中还从个人的穷苦想到亿万苍生的辛苦。

寺院出身的"茶圣"陆羽，经常亲自采茶、制茶，尤善于烹茶，因此结识了许多文人学士和有名的诗僧，也留下了不少咏茶的诗篇。

到了宋代，文人学士烹泉煮茗，竞相吟咏，出现了更多的茶诗茶歌，有的还采用了词这种当时新兴的文学形式，苏轼有一首《西江月》词云："尤焙今年绝品，谷帘自古珍泉，雪芽双井散神仙，苗裔来从北苑。汤发云腴酽白，连浮花乳轻圆，人间谁敢更争妍，斗取红窗粉面。"词中对双井茶叶和谷帘泉水作了尽情的赞美。

元代诗人的咏茶诗也有不少。高名的一首著名的《采茶词》，描写了山家以茶为业，佳品先呈太守，其余产品与商人换衣食，终年劳动难得自己品尝的情景。

清高宗乾隆，曾数度下江南游山玩水，也曾到杭州的云栖、天竺等茶区，留下不少诗句。他在《观采茶作歌》中写道："嫩荚新芽细拨挑，趁忙谷雨临明朝。"

我国老一辈无产阶级革命家的茶兴也不浅，他们在诗词交往中，也每多涉及茶事。1949 年，毛泽东同志的七律诗《和柳亚子先生》中，就有"饮茶粤海未能忘，索句渝州叶正黄"的名句。朱德同志在品饮庐山云雾茶以后，赞扬此茶云："庐山云雾茶，味浓性泼辣。若得长年饮，延年益寿法。"

咏茶的诗不仅中国有，国外也有不少。9 世纪中叶，我国的茶叶传入日本不久，嵯峨天皇的弟弟和王就写了一首茶诗《散杯》。17 世纪茶叶传入欧洲后，也出现了一些茶诗。后来，西欧诗人发表了不少茶诗，内容多是对茶叶的赞美，从中可以看到他们对茶饮料的喜爱。

茶与书画

一、茶与中国的书法艺术

"酒壮英雄胆，茶助文人思。"茶能触发文人创作激情，提高创作效果。但是，茶与书法的联系，更本质的是在于两者有着共同的审美理想、审美趣味和艺术特性，两者以不同的形式，表现了共同的民族文化精神。也正是这种精神，将两者永远地联结在一起。

中国书法艺术，讲究的是要在简单的线条中求得丰富的思想内涵，就像茶与水

（唐）怀素《苦笋帖》

那样在简明的色调对比中求得五彩缤纷的效果一样。它不求外表的俏丽，而注重内在的生命感，从朴实中表现出韵味。对书法家来说，要以静寂的心态进入创作，必须去除一切杂念，守住胸中之气。书法对

人的品格要求也极为重要，如柳公权就以"心正则笔正"来进谏皇上。宋代苏东坡最爱茶与书法，司马光便问他："茶欲白墨欲黑，茶欲重墨欲轻，茶欲新墨从陈，君何同爱此二物？"东坡妙答曰："上茶妙墨俱香，是其德也；皆坚，是其操也。譬如贤人君子黔皙美恶之不同，其德操一也。"这里，苏东坡是将茶与书法两者上升到一种相同的哲理和道德高度来加以认识的。此外，如陆游的"矮纸斜行闲作草，晴窗细乳戏分茶"这些词句，都是对茶与书法关系的一种认识，也体现了茶与书法的共同美。

(宋)蔡襄《即惠山煮茶》

唐代是书法艺术繁盛期，也是茶叶生产的发展期。书法中有关茶的记载也逐渐增多，其中比较有代表性的是唐代著名的狂草书法家怀素和尚的《苦笋贴》。

宋代，在中国茶业和书法史上，都是一个极为重要的时期，可谓"茶人迭出，书家群起"。茶叶饮用由实用走向艺术化，书法从重法走向尚意，不少茶叶专家同时也是书法名家。比较有代表性的是"宋四家"——苏轼、黄庭坚、米芾、蔡襄。

唐宋以后，茶与书法的关系更为密切，有茶叶内容的作品也日益增多。流传至今的佳品有苏东坡的《一夜帖》、米芾的《苕溪诗》、郑燮的《竹枝词》、汪士慎的《幼孚斋中试泾县茶》等等。其中有的作品是在品茶之际创作出来的。至于近代的佳品则更多了。

二、中国的绘画艺术

我国以茶为题材的古代绘画，现存或有文献记载的多为唐代以后的作品。如唐代的《调琴啜茗图卷》；南宋刘松年的《斗茶图卷》；元代赵孟頫的《斗茶图》；明代唐寅的《事茗图》，文征明的《惠山茶会图》、《烹茶图》，丁云鹏的《玉川烹茶图》等等。

唐人的《调琴啜茗图卷》，作者已不可考，也有说是周肪所作。画中五个人物，一个坐而调琴，一人侧坐面向调琴者，一个端坐凝神倾听琴音，一个仆人一旁站立，另一仆人送来茶茗。

唐代的《调琴啜茗图卷》

　　画中的妇女丰颊曲眉，美丽多姿，整个画面表现出唐代贵族妇女悠闲自得的情态。

　　元代书画家赵孟頫的《斗茶图》，是一幅充满生活气息的风俗画。画面有四个人物，身边放着几副盛有茶具的茶担。左前一人，足穿草鞋，一手持茶杯，一手提茶桶，坦胸露臂，似在夸耀自己的茶质香美。身后一人双袖卷起，一手持杯，一手提壶，正将茶水注入杯中。右旁站立两人，双目凝视，似在倾听对方介绍茶的特色，准备回击。图中人物生动，布局严谨。人物模样，不似文人墨客，而像走街串巷的货郎，这说明当时斗茶已深入民间。

　　明代唐寅的《事茗图》画的是：一青山环抱、溪流围绕的小村，参天古松下茅屋数椽，屋中一人若有所待，小桥上有一老翁依杖缓行，后随抱琴，似应约而来。细看侧屋，则有一人正精心烹茗。画面清幽静谧，而人物传神，流水有声，静中有动。

　　明代丁云鹏的《玉川烹茶图》，画面是花园的一角，两棵高大芭蕉下的假山前坐着主人卢仝——玉川子，一个老仆人提壶取水而来，另一老仆人双手端来捧盒。卢仝身边石桌上放着待用的茶具，他左手持羽扇，双目凝视熊熊炉火上的茶壶，壶中松风之声隐约可闻。那种悠闲自得的情趣，跃然画面。

　　清代画家薛怀的《山窗洪供图》，清远秀逸，别具一格。画中有大小茶壶及茶盏各一，自题五代胡峤诗句："沾牙旧姓余甘氏，破睡当封不夜侯。"此画用明暗向背，十分朗豁，立体感强，极似现代素描画。并有当时诗人朱星诸所题六言诗一首：

　　"洛下备罗案上，松陵兼列径中，总待新泉治火，相从栩栩清风。"

可见，乾隆年间已开始出现采用此种画法的画家。

雕刻作品，现存的北宋妇女烹茶画像砖是其中之一。这块画像砖刻的是一高髻妇女，身穿宽领长衣裙，正在长方炉灶前烹茶，她两手精心擦拭茶具，凝神专注，目不旁顾。炉台上放着茶碗和带盖执壶，整个画面造型优美古雅，风格独特。

历史告诉我们，绘画艺术与茶有密切联系，就是在现代摄影艺术中，与茶的联系也相当广泛，许多摄影师以茶为题材，拍摄了不少优秀作品。特别在一些名山拍摄的采茶画面，将山水峰岩、松竹花木和茶园融为一体，越发增添了茶区景色的诗情画意。

茶马古道

茶马古道之古今

同昌同泰泰古茶庄原址

宋云号茶庄遗址

一条是从普洱出发至昆明、昭通，再到四川的泸州、叙府、成都、重庆至京城。

二条是普洱经下关到丽江与西藏互市。

三条是由勐海至边境口岸打洛，再分二路：一路至缅甸、泰国；一路是经缅甸到印度、西藏。

四条是由勐腊的易武茶山开始，至老挝丰沙里，到河内再往南洋。

倚邦茶马古道

车顺号古茶庄原址

在江北古六大茶山境内有数条茶马道：易武至江城道、易武至宁洱道、易武至思茅道、易武至车里再到勐海道、易武至老挝磨丁道、易武至老挝勐悻道。道光二十五年(1845年)，从昆明经普洱至倚邦通过磨者河上的承天桥再到慢撒、易武那条由石板镶成的古茶马道，约宽2米，长达数百千米。昔日茶山有许多茶号和茶庄专门从事茶叶的收购、加工和外运销售，呈现一派繁荣景象。

昔日古道，今日坦途

茶马古道

茶马古道的历史文化价值与特点

青藏高原是世界上海拔最高、面积最大的高原，被称作"世界屋脊"或"地球第三极"。所以说茶马古道是世界上海拔最高的文明古道。正因为它是世界上海拔最高的道路并且几乎横穿了整个青藏高原，所以其通行难度之大在世界上的各文明古道中，当是首屈一指。

说茶马古道是世界上通行难度最大的文明古道，主要表现在：

第一，茶马古道所穿越的青藏高原东缘横断山脉地区是世界上地形最复杂和最独特的高山峡谷地区，故其崎岖险峻和通行之艰难亦为世所罕见。茶马古道沿途高峰耸云、大河排空、崇山连绵、河流湍急。正如任乃强先生在《康藏史地大纲》中所言："康藏高原，兀立亚洲中部，宛如砥石在地，四围悬绝。除正西之印度河流域，东北之黄河流域倾斜较缓外，其余六方，皆作峻壁陡落之状。尤以与四川盆地及云贵高原相结之部，峻坂之外，复以邃流绝峡窜乱其间，随处皆成断崖促壁，鸟道湍流。各项新式交通工具，在此概难展施。"据有人统计，经川藏茶道至拉萨，"全长约四千七百华里，所过驿站五十有六，渡主凡五十一次，渡绳桥十五，渡铁桥十，越山七十八处，越海拔九千尺以上之高山十一，越五千尺以上之高山二十又七，全程非三、四个月的时间不能到达。"清人对茶马古道之险峻崎岖有生动的描述，焦应旃的《藏程纪略》记："坚冰滑雪，万仞崇岗，如银光一片。俯首下视，神昏心悸，毛骨悚然，令人欲死……是诚有生未历之境，未尝之苦也。"张其勤的《炉藏道里最新考》记，由打箭炉去拉萨，凡阅五月，"行路之艰苦，实为生平所未经。"杜昌丁等的《藏行纪程》记滇藏茶路说："十二阑干为中甸要道，路止尺许，连折十二层而上，两骑相遇，则于山腰脊先避，俟过方行。高插天，俯视山，深沟万丈……绝险为生平未历。"茶道通行之艰难，可见一斑。

第二，茶马古道沿线高寒地冻，氧气稀薄，气候变幻莫测。清人所记沿途"有瘴气"、"令人欲死"之现象，实乃严重缺氧所致的高山反应，古人因不明究竟而误认为是"瘴气"。茶马古道沿途气候更是所谓"一日有四季"，一日之中可同时经历大雪、冰雹、烈日和大风等，气温变化幅度极大。一年中气候变化则更为剧烈，民谚曰："正二三，雪封山；四五六，淋得哭；七八九，稍好走；十冬腊，学狗爬。"其行路之艰难可想而知。千百年来，茶叶正是在这样人背畜驮历尽千辛万苦而运往藏区各地。藏区民众中有一种说法，称茶叶翻过的山越多就越珍贵，此说生动地反映藏区得茶之不易。《明史·食货志》载："自碉门、黎、雅抵朵甘、乌斯藏，行茶之地五千余里。"如此漫长艰险的高原之路，使茶马古道堪称世界上通行难度最大的道路。

第三，茶马古道是汉、藏民族关系和民族团结的象征和纽带。中国是一个多民族国家，因此，中国的历史很大程度上也是多民族逐渐聚合在一起的历史。茶马古道所见证的，正是汉、藏乃至西南其他民族怎样逐渐聚合的历史过程。我们知道，汉族文明的特点是农业和儒教；藏族文明的特点则是高原地域和藏传佛教，两者都有深厚的底蕴，但也有一些差异。

那么，是什么因素使两者在历史发展进程中紧密地联系在了一起？藏族是一个在中国历史舞台上发挥过重要作用的民族，藏族之所以成为中国多民族大家庭中的一员，虽然由多种原因所促成，但可以肯定，这条连接汉、藏之间的茶马古道在其中发挥了非常重要的作用。也就是说，汉、藏之间在经济上的互补性和相互依存，是使其共同成为今天中华民族大家庭成员的一个重要原因。所以，茶马古道的意义显然并不仅止于历史上的茶、马交换，事实上它既是历史上汉、藏两大文明发生交流融合的一个重要渠道，也是促成汉、藏两个民族进行沟通联系并在情感、心理上彼此亲近和靠拢的主要纽带。恰如藏族英雄史诗《格萨尔》中所言："汉地的货物运到博（藏区），是我们这里不产这些东西吗？不是的，不过是要把藏汉两地人民的心连在一起罢了。"这是藏族民众对茶马古道和茶马贸易之本质的最透彻、最直白的理解。所以，无论从历史与现实看，茶马古道都是汉、藏民族关系和民族团结的象征与纽带。

第四，茶马古道是迄今我国西部文化原生形态保留最好、最多姿多彩的一条民族文化走廊。茶马古道所穿越的川滇西部及藏东地区是我国典型的横断山脉地区，也是南亚板块与东亚板块挤压所形成的极典型的地球皱褶地区。岷江、大渡河、雅砻江、金沙江、澜沧江、怒江六条大江分别自北向南、自西向东从这里穿过，形成了世界上最独特的高山峡谷地貌。由于高山深谷的阻隔和对外交往的不便，使该地区的民族文化呈现了两个突出特点：

一是文化的多元性特点异常突出。沿着茶马古道旅行，任何人都可深刻地感受到一个现象，即随着汽车的前行，沿途的民居样式、衣着服饰、民情风俗、所说语言乃至房前屋后宗教信仰标志始终像走马灯一样变化着，让你应接不暇。对这种现象，当地谚语有一个形象的概括，叫"五里不同音，十里不同俗"。这种多元文化特点，使茶马古道成为一条极富魅力且多姿多彩的民族文化走廊。

二是积淀和保留着丰富的原生形态的民族文化。茶马古道所途经的河谷地区大多是古代民族迁移流动的通道，许多古代先民在这里留下了他们的踪迹，许多原生形态的古代文化因素至今仍积淀和保留在当地的文化、语言、宗教和习俗中，同时也有许多历史之谜和解开这些历史之谜的线索蕴藏其中。千百年来，不仅是汉、藏之间，藏族与西南其他少数民族乃至藏族内部各族群之间的文化交流与传播均在这里默默地、不间断地进行着，这里既有民族文化的冲突与碰撞，也有各民族文化之间积极的互动、融合与同化。事实上，正是这条东西横跨数千里，穿越青藏高原众多不同民族（或不同族群面貌）、不同语言和不同文化地区的茶马古道，犹如一条彩带将他们有机地串连起来，使他们既保持自己的特点，又彼此沟通和联系并协同发展。所以，茶马古道既是民族多元文化荟萃的走廊，又是各种民族文化进行交流、互动并各自保留其固有特点的一个极具魅力的地区。诚如费孝通先生所言，该地区"沉积着许多现在还活着的历史遗留，应当是历史与语言科学的一个宝贝园地"。

茶马古道与茶文化传播

在茶叶史上，茶叶文化由内地向边疆各族的传播，主要是由于两个特定的茶政内容而发生的，这就是"榷茶"和"茶马互市"（也称茶马交易）。

"榷茶"的意思，就是茶叶专卖，这是一项政府对茶叶买卖的专控制度。"榷茶"，最早起于唐代。

到了宋初，由于国用欠丰，极需增加茶税收入，于是便革除了唐朝以来茶叶自由经营收取税制的积弊，开始逐步推出了榷茶制度和边茶的茶马互市两项重要国策，其实质就是强化国家的税收，以固政治、军事、财政之需。

一、茶马交易

茶马交易最初见于唐代，但未成定制。就是在宋朝初年，内地向边疆少数民族购买马匹，主要还是用铜钱。但是这些地区的牧民则将卖马的铜钱渐渐用来铸造兵器。因此，宋朝政府从国家安全和货币尊严考虑，在太平兴国八年（公元983年），正式禁止以铜钱买马，改用布帛、茶叶、药材等进行物物交换。为了使边贸有序进行，还专门设立了茶马司，茶马司的职责是"掌榷茶之利，以佐邦用；凡市马于四夷，率以茶易之。"（《宋史·职官志》）

在茶马互市的政策确立之后，宋朝于今晋、陕、甘、川等地广开马市，大量换取吐蕃、回纥、党项等族的优良马匹，用以保卫边疆。到南宋时，茶马互市的机构，相对固定为四川五场、甘肃三场八个地方。四川五场主要用来与西南少数民族交易，甘肃三场均用来与西北少数民族交易。元朝不缺马匹，因而边茶主要以银两和土货交易。到了明代初年，茶马互市再度恢复，一直沿用到清代中期才渐渐废止。

二、茶入吐蕃

茶入吐蕃的最早记载是在唐代。唐代对吐蕃影响汉族政权的因素一直非常重视，因为与吐蕃的关系如何，直接影响到丝绸之路的正常贸易，包括长安到西域的路线，及由四川到云南直至境外的路线和区域。因为这些路线和区域都在吐蕃的控制和影响之下。

唐代的文成公主进藏，就是出于安边的目的，与此同时，也将当时先进的物质文明带到了那片苍古的高原。据李爱华所著《西藏日记》记述，文成公主随带物品中就有茶叶和茶种，吐蕃的饮茶习俗也因此得到推广和发展。到了中唐的时候，朝廷使节到吐蕃时，看到当地首领家中已有不少诸如寿州、舒州、顾渚等地的名茶。中唐以后，茶马交易使吐蕃与中原的关系更为密切。

三、茶入回纥

回纥是唐代西北地区的一个游牧少数民族。唐代时，回纥的商业活动能力很强，长期在长安的就有上千人。回纥与唐的关系较为平和，唐宪宗把女儿太和公主嫁到回纥，玄宗又封裴罗为怀仁可汗。

《新唐书·陆羽传》记载："羽嗜茶，著经三篇，言茶之源、之法、之具尤备，天下益知饮茶矣……其后尚茶成风，时回纥入朝始驱马市茶。"回纥用马匹换来的茶叶等，除了饮用外，还用一部分茶叶与土耳其等阿拉伯国家进行交易，从中获取可观的利润。

四、茶入西夏

西夏王国建立于宋初，成为西北地区一支强大的势力。西夏国的少数民族主要是由羌族的一支发展而成的党项族。宋朝初期，向党项族购买马匹，是以铜钱支付，而党项族则利用铜钱来铸造兵器，这对宋朝来讲无疑具有潜在的威胁性，因此，在太平兴国八年（公元983年），宋朝就用茶叶等物品来与之做物物交易。

至1038年，西夏元昊称帝，不久便发动了对宋战争，双方损失巨大，不得已而重新修和。但宋王朝的政策软弱，有妥协之意。元昊虽向宋称臣，但宋送给夏的岁币茶叶等，则大大增加，赠茶由原来的数千斤，上涨到数万斤乃至数十万斤之多。

五、茶入辽金

北宋时期，在与西夏周旋的同时，宋朝还要应付东北的契丹国的侵犯。916年阿保机称帝，建契丹国后，以武力夺得幽云十六州，继而改国号称辽。辽军的侵略野心不断扩大，1044年，突进到澶州城下，宋朝急忙组织阻击，双方均未取得战果，对峙不久，双方议和，这就是历史上有名的"澶渊之盟"。议和结果是，辽撤兵，宋供岁币入辽，银10万两，绢20万匹。此后，双方在边境地区开展贸易，宋朝用丝织品、稻米、茶叶等换取辽的羊、马、骆驼等。

宋政和四年（1114年），女真族完颜阿骨打以2500人誓师反辽。1115年，完颜阿骨打称帝，改名旻，国号大金。

女真建金国后，宋朝便与之夹攻辽，并订下归地协议，1120年金与辽绝，破辽上京临潢府（今内蒙古巴林左旗南），1124年西夏亦向金称臣，1125年，辽亡，金的势力越来越大，原先与宋的一些协议，或大打折扣，或根本不予履行。1125年10月，金索性下诏攻宋。1126年金兵逼至黄河北岸，同年闰十一月，京师被攻破，金提出苛刻议和条件，宋钦宗入金营求和，金又迫使宋徽宗、皇子、贵妃等赴金营。最后掠虏徽、钦二宗及后妃宗室等北撤，北宋自此结束。

金朝以武力不断胁迫宋朝的同时，也不断地从宋人那里取得饮茶之法，而且饮茶之风日甚一日。金朝虽然在战场上节节胜利，但是对炽烈的饮茶之风却十分担忧。因为所饮之茶都是来自宋人的岁贡和商贸，而且数量很大。当时，金朝"上下竟啜，农民尤甚，市井茶肆相属"，而文人们饮茶与饮酒已是等量齐观。茶叶消耗量的大增，对金朝的经济利益乃至国防都是不利的。于是，金朝不断地下令禁茶。禁令虽严，但茶风已开，茶饮深入民间。茶饮地位不断提高，如《松漠纪闻》载，女真人婚嫁时，酒宴之后，"富者遍建茗，留上客数人啜之，或以粗者煮乳酪"。同时，汉族饮茶文化在金朝文人中的影响也很深，如党怀英所作的《青玉案》词中，对茶文化的内蕴有很准确的把握。

茶膳茶疗

茶食菜肴

雅俗共赏话茶膳

茶膳是将茶作为菜肴和饭食的烹制与食用方法的总和，是一种大众化的茶叶消费新方式，是茶叶经济发展的一个新增点。

一、茶膳的起源与现状

中国是茶的发祥地，古人从公元前的周朝初期就开始吃茶叶了。《诗经》云："采荼薪樗，食我农夫。"东汉壶居士写的《食忌》说："苦茶久食为化，与韭同食，令人体重。"唐代储光羲曾专门写过《吃茗粥作》。清代乾隆皇帝多次在杭州品尝名茶龙井虾仁。慈禧太后则喜用樟茶鸭欢宴群臣。云南基诺族至今仍保留着吃凉拌茶的习俗。

进入 20 世纪 80 年代，特别是 20 世纪 90 年代以来，随着生产和茶文化的不断发展，茶膳开始进入新阶段。广东早茶进军全国大城市；台湾有茶宴全席以及茶果冻、茶水羹、得意茶叶蛋、乌龙茶烧鸡、泡沫红茶、李白茶酒等；北京有迎宾茶等特色茶宴，以及茗缘贡茶、银针庆有余、玉露凝雪、沱茶鸡等50多道茶菜和茶饺等多种茶饭；香港有五夷岩茶和鲍鱼角、茉莉香片炒海米、水仙上汤泡炸豆腐等茶菜和多家茶艺馆；北京还出现了专门经营茶膳的饭店——小天鹅酒家茗缘阁；杭州的中国茶叶博物馆有狮峰野鸭、脆炸龙井、双龙抢珠等茶菜、茶食。

三色茶糕

二、茶膳的形式与特点

现代茶膳，具有配套发展的新技术开发区新特点。

茶膳形式，按消费方式划分，有家庭茶膳、旅行休闲茶膳、餐厅茶膳三种。一般情况下，餐厅茶膳内容比较丰富，可分为：

1. 茶膳早茶

供应热饮和冷饮：绿茶、乌龙茶、花茶、红茶、茶粥、皮蛋粥、八宝粥、茶饺、虾饺、炸元宵、炸春卷等。

2. 茶膳快餐或套餐

供应茶饺、茶面、茶鸡玉屑。配以一碗汤或一杯茶，一听茶饮料。

3. 茶膳自助餐

可供应各种茶菜、茶饭、茶点、热茶、茶饮料、茶冰淇淋，还可自制香茶沙拉、茶酒等。

4. 家常茶菜茶饭

如茶笋、炸雀舌、茶香排骨、松针枣、怡红快绿、白玉拥翠、春芽龙须、茶粥、龙须茶面、茶鸡玉屑等。

5. 特色茶宴

如婚礼茶宴、生辰茶宴、庆功茶宴、春茶宴等。

菊花酥

茶膳在普通中餐的基础上，采用优质茶叶烹制茶肴和主食，具有以下特点：

1. 讲求精巧、口感清淡

茶膳以精为贵，以清淡为要。比如"春芽龙须"这道菜，选用当天采摘的绿豆芽，掐头去尾，掺以当年采摘的水发春茶芽（去掉茶梗及杂叶），微咸、清香、白绿相间，用精致小木盆上菜，深受顾客喜爱。茶膳口味多酥脆型、滑爽型、清淡型，每道菜都加以点饰。

2. 有益健康

茶膳选用春茶入菜入饭，茶菜中不少原材料来自山野。春茶和山野茶都不施用化肥，而且富含对人体有益的多种维生素。

3. 融餐饮、文化于一体

比如："怡红快绿"这道菜的创意源于古典名著《红楼梦》；"银针庆有余"则把"年年有余"的中国民俗与银针茶融于茶菜中。又比如，茶膳使用八仙桌椅、木制餐具，在用传统茶艺表演为客人品尝茶膳助兴时，可以播放专门编配的茶曲，使客人在传统民族文化形式与现代艺术形式相结合的氛围中,既饱口福,又饱眼福,将餐饮消费上升到文化消费的层次。

4. 雅俗共赏、老少皆宜

茶膳顺应人们日益增强的返璞归真、注重保健、崇尚文化品位等消费新需求,从几元钱的茶粥、茶面到上千元的茶宴都能供应,又确有新意,因而适用面较广。而且,茶膳原材料资源十分丰富,成本相对较低,具有广泛的开发价值和商业前景。

茶膳还处于发展的初级阶段。需要在实践的基础上,逐渐丰富改进。从长远看,应确立并实行综合开发,以特色取胜的发展方针进行。在近期,应努力做好三方面的工作:

第一,着重在特色与茶膳体系建设上下功夫。突出口味清淡,制作精巧和富有文化内涵、富有人情味等特点,使茶膳真正成为特色中餐。

第二,积极宣传引导消费。采用多种消费中喜闻乐见的方式,宣传"茶膳有益健康""茶膳是高品位的消费""发展茶膳,利国利家"等。

第三,使茶膳进入家庭并走向国际。饭店是茶膳发展的基地。但是,从一定的意义上讲,茶膳仅在饭店中是发展不起来的,必须经过进入家庭和走向国际,茶膳才能求得持久的、稳定的、全面的发展。

民以食为天。茶膳就像一块出土的璞玉,等待人们的精雕细刻,也等待海内外广大消费者的品评欣赏。

茶点、茶食、飞扬的茶艺术

"千里不同风,百里不同俗。"茶除了热饮,还可以制做成茶食、茶点、茶菜等等,就是以茶做主料,或者做点缀,以不同的"面貌"出现在人们的餐桌上,并赋予淡雅意境。以茶入菜,以茶入点心,茶食相融,业已成为茶文化的再延伸。

历经 9 年时间创造出近 60 种茶食佳肴的何剑峰先生介绍说,以茶入菜入点心的特点就是口味清淡、原材料简洁,既能保持原料的风味又能突出茶的特性。以茶入菜的方式也有多种,或将茶叶碾成粉末,融于菜，取其香气之雅；或把茶叶冲泡开，用其茶汤入菜，取其颜色；也有将茶叶直接作为配料进行熬制。

"有了色、香、味俱全的茶食，配上一杯清香的茶，欣赏着墙上的壁画，这是一种茶文化的享受。"在一家茶艺馆工作多年的龙焕霞这样形容着，她说，不同的人品茶可能品出不同的意，和尚饮茶是一种禅，道士饮茶是一种道，对于喜欢饮茶的大多数人来说，饮茶则是一种文化。

喝一杯香茗，听一首名曲，读一份报纸，在平淡中享受生活，在淡泊的心境中品茶。

一、玫瑰红茶盏

陶瓷茶盏造型精巧大方，口大底深，胎骨较厚，黑而润泽，纹理清晰，富有典雅的民间风格，相传在宋朝时已经被广泛流传。以茶入点心，可以增加食品的爽滑度，同时又能助消化、温胃。

精致的红茶盏是在原来传统的马蹄糕制作的基础上，添加上玫瑰红茶汤水制作而成的。玫瑰红茶盏颜色如琥珀，入口爽滑不粘牙，浓郁的茶香给人一种飘飘然的感觉，舒心自在。

二、普洱茶猪手

润口的普洱茶猪手，入口就能品尝到普洱茶的陈香味。秀色的猪手就像普洱茶一样经历了岁月的考验，口感比较特别，肥而不腻、外表富有弹性而里面则嫩滑、清爽。

这道菜颜色诱人，做法也不是特别复杂。只要以猪手为原料，在传统的卤水上加入普洱茶叶，浸卤2个小时而成。茶叶含有茶碱，茶碱能去肥腻，也增加了肉质的爽滑度。

三、龙井鲜虾饺

橙红间白的虾仁馅料，在绿油油、均匀透亮的饺子皮呵护下，像龙井茶一样显得更加娇嫩，而且口感爽滑、鲜甜，淡淡的龙井清香缠绕在口腔中。

此菜原料简单，鲜虾仁、薯粉、龙井茶粉末而已。制作时把龙井粉末加入薯粉中搅拌均匀，用水和，擀成饺子皮，上馅，放入蒸笼，蒸熟即可。

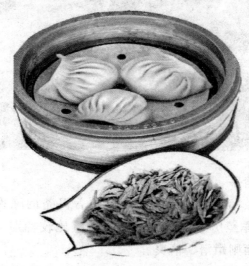

茶膳七款瘦身佳品

　　中国人喝茶喝了一辈子，知道这是健康的饮料，喝了神清气爽，但是多数人对茶的印象，仍停留在老人壶、功夫茶或是各说各话，我们忽略了茶已是中国文化的一部分，而且中国茶有着非常动人及丰富的历史背景和故事。对于从老祖先时代就热爱喝茶的中国人来说，绿茶一直是既健康又优雅的饮品，当饮茶的习惯传到日本，日本人还为此发展出一套复杂又迷人的"茶道"，甚至成为日本最具代表性的传统文化活动之一；随着西方不断出炉的研究报告指出，绿茶的营养成分不论在养身或抵御疾病上都有令人意想不到的绝妙功用，追求营养及健康的现代人又掀起一股饮用绿茶的风潮，搭配可瘦身的宣传与东方女性追求白皙肌肤的梦想，绿茶减肥、绿茶护肤、绿茶保养品与绿茶食品都堂皇地进入市场，准备为你的身体制造绿色奇迹，让你由内到外都可感受到绿茶不可思议的魅力！

一、茶梅凉拌莲藕

材料：茶梅 4 颗、梅汁 1 大匙、莲藕 1 段。

做法：

1. 茶梅去核后，将梅肉切碎，再加入梅汁一起混合搅拌后备用。

2. 将莲藕切成约 1 公分大小的薄片，放入水中氽烫约 10 秒钟后捞起，再泡入冰水中备用。

3. 将做法 2 中的莲藕片从冰水中捞起后，再加入做法 1 中的梅汁一起搅拌均匀即可。

二、茶香生机坚果饭

材料：茶梅 10 颗、圆糯米 600 克、五穀粒 300 克、梅汁 1/2 碗、新鲜茶叶适量。

做法：

1. 茶梅去核后，将梅肉切碎后备用。

2. 将圆糯米与五穀粒先浸泡于水中 3 小时后沥干备用。

3. 将做法 2 中的圆糯米和五穀粒，混合放入锅中蒸熟后备用。

4. 将梅汁加入做法 3 中的五穀饭中，稍作搅拌后，取出适量的五穀饭摊平，再放入做法 1 中的梅肉，像寿司的做法一样卷好。

5. 将做法 4 中卷好的五穀饭先贴上新鲜茶叶片装饰后，再以保鲜膜包裹密封，并放进锅中蒸约 5 分钟即可。

三、绿茶多穀馒头

材料：A. 水 300 升、酵母 6 克；B. 中筋面粉 600 克、细砂糖 50 克、五穀粒 160 克、抹茶粉 1 大匙。

做法：

1. 将 A 材料的水和酵母搅拌均匀溶解后，再加入材料 B 的中筋面粉、细砂糖、五穀粒和抹茶粉搅拌均匀后，将面团搓揉至光滑后，放置松弛约 20 分钟。

2. 将松弛后的面团，先以大擀面棍将面皮擀成长形，再以小擀面棍将面皮形状调整为厚度约1公分的正方形后，直接以手将面皮滚卷成圆筒状，再切成3公分大小并直接放入蒸笼中，放置发酵约30分钟。

3. 将发酵完成的馒头，蒸约30分钟即可。

四、双色绿茶饼干

材料：A. 奶油150克、糖粉105克、蛋液30克、低筋面粉300克、抹茶粉10克、杏仁粉45克；B. 奶油150克、糖粉105克、蛋液30克、低筋面粉300克、杏仁粉45克。

做法：

1. 让材料A中的奶油软化之后，加入糖粉一起打至松发变白。

2. 将蛋液分次加入做法1中搅拌均匀，再加入过筛后的低筋面粉、抹茶粉和杏仁粉混合搅拌打至成团。

3. 将做法 2 中的绿茶面团放置松弛约 30 分钟左右，再以擀面棍将面团擀平为 1 公分左右的厚度，用心形模型在绿茶面皮上压模后，取出心形的绿茶面皮备用。

4. 将材料 B 中的奶油软化之后，加入糖粉一起打至松发变白。

5. 将蛋液分次加入做法 1 中搅拌均匀，再加入过筛后的低筋面粉和杏仁粉混合搅拌打至成团。

6. 将做法 5 中的原味面团放置松弛约 30 分钟左右，再以擀面棍将面团擀平为 1 公分左右的厚度，用心形模型在原味面皮上压模后，取出心形的面皮备用。

7. 将做法 3 中的心形绿茶面皮，放入做法 6 的原味面皮中，再以圆形模型压模。

8. 将成型的双色饼干面皮，放置于烤盘上，于表面刷上蛋汁后，放进 180℃ 的烤箱中，烤约 20 分钟即可。

五、美奶滋蛤蛎锅

材料：蛤蛎 150 克、虾仁 150 克、透抽、1/2 只马铃薯、番瓜 1/8 片、红茶包 1 包、水 250 毫升、市售美奶滋 1 小包、蛋黄 2 个、奶油 50 克、面粉 50 克、鸡粉 1 大匙、绿茶末少许。

做法：

1. 大蛤蛎买回后先泡入盐水中吐沙备用。

2. 将虾仁清洗干净；将透抽清洗干净，切成约 3 公分大小的块状后放入滚水中汆烫约 1 分钟后，泡入冰水中备用。

3. 马铃薯洗净去皮后，切成丁状；番瓜洗净去皮后，切成丁状后放入滚水中汆烫约 1 分钟后即可捞起沥干水分后备用。

4. 绿茶包用热水泡开后备用。

5. 美奶滋、蛋黄和抹茶粉混合搅拌均匀后备用。

6. 热锅，放入奶油加热后，加入面粉炒出香味后改小火，再加入做法 4 中的绿茶调和成面糊状后，再放入鸡粉混合搅拌均匀后备用。

7. 取钢盆，放入做法 1、2、3、6 中的材料混合搅拌均匀后，倒入烘烤器皿内，再将做法 5 中的材料平铺在上后，放入炉温 250℃ 的烤箱中，烤至表面呈现焦黄色即可取出，再撒上少许的绿茶末即可。

六、老茶醉鸡

材料：鸡腿 1 只、水适量、冰块适量、红露酒 600 毫升、茶汁 600 毫升、盐 28 克、糖 56 克、味精 84 克。

做法：

1. 将红露酒、茶汁、盐、糖和味精混合搅拌均匀后备用。

2. 将鸡腿肉前的三角带弯折处，以剪刀剪开，方便放去血水。

3. 将做法 2 中的鸡腿肉放入水中汆烫约 10 秒钟后，再以清水冲洗干净备用。

4. 将水和做法 3 中的鸡腿肉一起放入锅中以中火烹煮，水温维持在 85℃，而鸡肉中心的温度则维持在 75℃，此温度下煮出的肉质口感最佳。

5. 烹煮至鸡肉变色至熟后，捞起泡入冰块中，等待鸡腿肉完全变凉才可取出。

6. 将做法 5 中变凉的鸡腿肉取出，先擦干水分后，放入做法 1 中的酱汁中浸泡，并放进冰箱中冷藏 2 天。

7. 将入味的鸡腿肉从冰箱中取出，先擦干水分后，再卸去鸡腿肉的骨头，并将无骨的鸡腿肉切成片状即可。

七、紫苏梅鸡

材料：鸡腿 1 只、紫苏茶梅 10 颗、棕绳 1 条、紫苏茶梅汁 1/4 杯、水 1/2 杯、细砂糖 10 克、梅子醋 1 大匙。

做法：

1. 紫苏茶梅去核后，将梅肉切碎，再加入梅汁一起混合搅拌后备用。

2. 将全部的酱汁材料混合搅拌，以小火煮至浓稠备用。

3. 将鸡腿肉前的三角带弯折处，以剪刀剪开，方便放去血水。

4. 将做法 2 中的鸡腿肉放入水中汆烫约 10 秒钟后，再以清水冲洗干净后，卸去鸡腿肉的骨头后备用。

5. 将做法 3 中的鸡腿肉摊平，放上做法 1 中的梅肉，再像寿司做法一样卷好，并以棕绳捆绑缠紧后备用，再放入锅内蒸 10 分钟。

6. 将做法 4 中蒸好的鸡腿肉取出，放凉后，解开棕绳，切成片状装盘后，再淋上做法 2 中的酱汁即可。

八款诱人养生茶食

一、抹茶椰奶凉糕

材料：

（1）绿豆粉 30 克、淀粉 10 克、澄粉 10 克、冷水 120 克。

（2）椰浆 120 克、鲜奶 230 克、砂糖 80 克。

（3）抹茶粉 2 大勺、冷水 460 克、砂糖 80 克、绿豆粉 30 克、淀粉 10 克、澄粉 10 克。

做法：

1. 先将材料（1）混合均匀，再加材料（2）拌匀，置炉上边煮边搅拌，等到沸腾的时候，快速搅拌直到浓稠无粉状，就可以关火入模具了。

2. 将材料（3）中的抹茶粉用少许冷水调拌开来，再与材料（3）中的其他材料混合，置于炉子上边煮边搅拌，待沸腾时，快速搅拌至浓稠状且呈透明色，即可以关火。

3. 待做法 1 中的食物凝结了，就倒入做法 2 中，待凝结，即可以食用，食用时切块！

二、茶香羹

材料：鸡蛋、醪糟、枸杞、冰糖等。

做法：蛋羹烧好后，上投绿茶即可。

三、绿茶拌豆腐

珍贵的龙井茶，如果泡过一两次水以后就倒掉，实在有点可惜了。如果用泡过的茶叶做一道"绿茶拌豆腐"的菜肴，在初春时节，吃起来倒有一番橄榄菜的味道，且营养丰富，非常清凉、好吃。

原料：水嫩豆腐、茶叶、精盐、香油。

做法：

1. 把嫩豆腐加水，用小火在锅里炖上 5 分钟后捞出待用。

2. 给豆腐拌上精盐、香油。

3. 放入冲泡过两至三四次的茶叶，搅拌之后即可食用。

四、绿茶炸豆腐

材料：板豆腐 1 块、酥浆粉 100 克、蛋 1 个、水 50 克、抹茶粉 1 小匙、柴鱼片 1 包。

酱料：日式酱油 1 大匙、水 4 大匙、萝卜泥适量。

做法：

1. 板豆腐洗干净，擦干水分后，切成约 1.5 公分的正方块状备用。

2. 将酥浆粉、蛋、水和抹茶粉搅拌均匀后备用。

3. 将柴鱼片倒入钢盆中，以手直接捏成细碎状后备用。

4. 先将做法 1 中的豆腐沾裹上做法 2 中的材料后，再放入做法 3 中的柴鱼碎片后备用。

5. 热锅，倒入适量的油烧热至 180℃时，放入做法 4 中的豆腐，炸至外观呈金黄色时捞起沥油即可。

6. 食用时可搭配由日式酱油、水和萝卜泥调制成的蘸酱，将更添风味。

五、茶香饺

茶能抗癌、防老；茶是天然的美容品，经常喝还可以减肥。其实茶饺的做法很简单，步骤和用量跟平时做的饺子基本相同。

材料：午子绿茶、瘦猪肉、青豆、胡萝卜、玉米粒、面粉、盐、鸡精、胡椒粉、蚝油、白糖、麻油和油。

做法：

1. 先将胡萝卜切成小丁，茶叶泡开后切成末。

2. 将胡萝卜丁、茶叶末、青豆、玉米粒用适量盐、鸡精、胡椒粉（根据自己的喜好决定）、蚝油、白糖、麻油调味后拌匀。

3. 加入少量面粉、盐和油和成面团。最后将和好的面擀成薄皮，包入调好的馅，做成饺子，上屉蒸 5 分钟左右即成。

六、茶香鸡丝饭

材料：鸡胸肉 8 小片、鸡蛋 1 个、小麦粉 100 克、粳米饭、食盐、干紫菜丝、绿茶末等适量，酒 20 毫升。

做法：

1. 将鸡胸肉纵切成丝，用刀背轻轻敲打，撒上食盐和黄酒，放置4～5分钟。

2. 鸡蛋打入碗中，加冷水150毫升，调入小麦粉，迅速用力搅匀成蛋糊。

3. 鸡肉丝蘸上蛋糊，在热油中炸熟，捞出放在粳米饭上，撒以绿茶末、细盐及干紫菜丝即成。

七、温馨奶茶

材料：红茶茶包一个、牛奶及水各90毫升。

做法：

1. 将牛奶和水放入壶中，烧至快沸腾时，放入茶包一个，随即关火，接着将壶盖盖上，放置3至4分钟。

2. 用热水将瓷杯温热，将水倒出，将香浓的奶茶倒入杯中，依个人喜好，加入蜂蜜或糖。

八、酒泡铁观音(观音醇)

材料：优质38°白酒一斤(以浓香型为最佳)、铁观音15克、冰糖适量。

做法：将三样原料混合后摇动数下，封存十天后即可开封饮用。

饮食新时尚：茶叶入菜

除了能在专门的茶餐馆吃到美味的茶肴外，还可以自制简单的茶肴，让自己过把瘾。

一、碧螺春氽虾仁(夏令菜式)

材料：碧螺春茶叶 13 克，大虾仁 200 克，鸡汤 500 克，盐、菱粉少许。

做法：

1. 先用菱粉、盐调好卤汁，把虾仁放进去浆一浆，再放入沸水内氽一下，取出盛放在汤碗内。

2. 将茶叶用温水泡 1 次，随即把温水滤掉，以去除茶叶上的茸毛，再用沸水泡茶叶。

3. 炒锅坐火上，放入鸡汤烧沸，兑入茶汁(不要茶叶)，随即冲入装有虾仁的汤碗内即成。

二、茶香烤鸡

材料：绿茶 25 克，嫩鸡 1 只(重约 1000 克)，白糖 25 克，麻油少许，葱段、姜块、料酒、盐、花椒各适量。

做法：

1. 将嫩鸡宰杀、去毛后洗净，沥干水分，然后将花椒和盐拌和后抹擦在鸡身内外，在鸡腹肚中塞进拍碎的葱、姜，静置腌 2 小时。然后，提起鸡，抖去粘在鸡身上的盐和花椒粒，放在碗内加入酒，上蒸笼开大火，将鸡蒸熟后取出，待用。

2. 在烤盘里放上茶叶和白糖，并在烤盘上面固定一个铁丝架，然后放上蒸好的鸡，随即一起放入烤箱。用 250℃ 的炉温加热，待茶叶与糖起烟，蒸熏鸡皮至附上熏色，即可熄火取出，冷却后切块装盘，再刷些麻油即成。

三、碧螺春炒鸡丝

材料：碧螺春茶叶 2 克、鸡胸肉 20 克。

配料：绿豆芽 100 克、红辣椒 1 根。

调料：

(1)蛋清 1 份、盐 1/2 茶匙、淀粉 2/3 茶匙。

(2)盐 1/2 茶匙、糖 1/2 茶匙、苦茶油 1 大匙、淀粉 1/2 茶匙。

做法：

1. 将碧螺春以 100 克热开水冲泡 1 分钟，茶叶和茶汤分开备用。

2. 红辣椒去籽再切成细丝；鸡肉去鸡皮切成细丝，以调料(1)拌匀，放入冰箱腌半小时。

3. 油锅烧至三分热时，将鸡丝下锅，用筷子拌炒，并放入绿豆芽，一起过油后马上捞出。

4. 锅中加 1 大匙苦茶油，先把红辣椒炒香；再加入鸡丝和绿豆芽，炒匀后加 1 汤匙茶汤和调料(2)，最后把泡开的碧螺春茶叶加入，再炒匀即可。

茶汤火锅降火保健

暖烘烘的火锅是冬季的绝佳美味，但天天吃就容易上火，甚至引发某些偏热症状的疾病。那么，如何才能避免吃火锅上火呢？有妙计一条：以茶叶烹煮汤底，保证除热降火，并且清新爽口。

做法：

1. 先以沸水泡茶，什么茶都可以，待茶汁色泽变浓以后，马上将茶渣滤除，千万不要久泡，否则会有涩味。

2. 将一盆新鲜的鸡汤放入冰箱冷藏，待其油脂凝成白色块状后，去掉块状油脂备用。

3. 把清鸡汤倒入锅内，将茶汁也一同倒入，然后再撒入一小撮茶叶，中火稍加烹煮，就可以加入火锅底料了。

4. 如果没有清鸡汤，也可以用清淡的蔬菜汤代替。另外，清爽的茶汤汤底较适合搭配白肉，即鸡肉、鸭肉、鹅肉和海鲜等。腐竹、豆腐和各类蔬菜也是很好的汤底配料。

茶分多种，不同的茶叶烹煮出来的汤底功效也不同：

1. 绿茶汤底。有帮助消化，提神醒脑，消除疲劳等功效。但幼儿、贫血者和胃溃疡患者应少食。

2. 普洱茶汤底。能清肠化积，消脂减肥，最适合肥胖者或需要减肥者食用。

3. 菊花茶汤底。有芳香健胃，安神醒目，促进新陈代谢等功效，适合喜爱清淡饮食的人食用。

4. 绞股蓝汤底。有补元气，通血脉，消脂化积，生津除渴等功效，适合体力不济，容易疲倦的人食用，可改善虚弱体质。

茶与养生

常喝铁观音　养生在身边

著名营养学家于若木说："能调节人体新陈代谢的许多有益成分，

茶叶中多数具备。对于茶抗癌、防衰老以及提高人体生理活性的机理也都基本研究清楚。所以，茶是大自然赐予人类的最佳饮料。"鲁迅先生也说过："有好茶喝，会喝好茶，是一种清福。"

铁观音不仅香高味醇，是天然可口佳饮，而且养生保健功能在茶叶中也属佼佼者。现代医学研究表明，铁观音除具有一般茶叶的保健功能外，还具有抗衰老、抗癌症、抗动脉硬化、防治糖尿病、减肥健美、防治龋齿、清热降火、敌烟醒酒等功效。

近几年来，经国内外科学家研究证实，铁观音中的化学成分和矿物元素对人体健康有着特殊的功能，大致有以下几个方面：

一、铁观音的抗衰老作用

中外一些科学研究表明，人的衰老与体内不饱和脂肪酸的过度氧化作用有关，而不饱和脂肪酸的过度氧化是与自由基的作用有关。化学活性高的自由基可使不饱和脂肪酸过度氧化，使细胞功能突变或衰退，引起组织增殖和坏死而产生置人于死地的疾病。脂质过度氧化是人体健康的恶魔，但罪魁祸首却是自由基，只要把自由基清除掉，就可以使细胞获得正常的生长发育而健康长寿。

通常，常用的抗氧化剂有维生素 C、维生素 E，它们均能有效地防止不饱和脂肪酸的过度氧化。而最近日本研究人员表明，铁观音中的多酚类化合物能防止过度氧化；嘌呤生物碱，可间接起到清除自由基的作用，从而达到延缓衰老的目的。

二、铁观音的抗癌症作用

癌症是当今严重威胁人们健康的"不治之症"。因此，近年来研究茶叶抗癌引起了人们的极大兴趣和关注。数年前，曾有一篇报道称，上海市民因饮茶使食道癌逐年减少，由此饮茶可以预防癌症的发生这一事实在全世界引起很大反响。如今，饮茶可以防癌抗癌已被世人所公认，而在茶叶中防癌抗癌效果最好的是铁观音。

早在 1983 年，日本冈山大学奥田拓男教授就曾对数十种植物多酚类化合物进行抗癌变作用筛选，结果证明："儿茶素"具有很强的抗癌变活性。其他科学家在证实铁观音抗变异的研究中，认为铁观音茶多酚是这一作用的主要活性成分；在化学物质致癌的研究中，肯定了铁观音茶多酚的防止癌变作用。此外，铁观音中的维生素 C 和维生素 E 能阻断致癌物——亚硝胺的合成，对防治癌症有较大的作用。

三、铁观音的抗动脉硬化作用

1999 年 5 月 31 日，在日本东京召开的第四次乌龙茶与健康研讨会上，当时的福建省中医药研究院陈玲副院长报告了他们曾以 25 名高血脂症肥胖者为临床观察对象，探讨饮用乌龙茶铁观音对抑制血中低密度脂蛋白的氧化及改善血中脂质代谢的作用。研究证明，铁观音中的茶多酚类化合物和维生素类可以抑制血中低密度脂蛋白的氧化。日本三井农林研究所原征彦博士，在多年的研究中也确认，茶多酚类化合物不仅可以降低血液中的胆固醇，而且可以明显改善血液中高密度脂蛋白与低密度脂蛋白的比值。咖啡碱能舒张血管，加快呼吸，降低血脂，对防治冠心病、高血压、动脉硬化等心脑血管疾病有一定的作用。

据福建医科大学冠心病防治研究小组 1974 年在福建安溪茶乡对 1080 个农民进行调查时发现不喝铁观音茶的发病率为 3.1%；偶尔喝的为 2.3%；常年喝的（3 年以上）为 1.4%。由此可见，常喝铁观音的人比不喝铁观音的人的冠心病发病率低。

四、铁观音的防治糖尿病作用

糖尿病是一种世界性疾病。目前，全世界有很大数量的糖尿病患者。糖尿病是一种以糖代谢紊乱为主的全身慢性进行性疾病。典型的临床表现为"三多一少"，即多饮、多尿、多食及消瘦，全身软弱无力。此病中医称"消渴症"，属下焦湿热范畴。得病的主要原因是体内缺乏多酚类物质，如维生素 B_1、泛酸、水杨酸甲酯等成分，使糖代谢发生障碍，体内血糖量剧增，代谢作用减弱。

日本医学博士小川吾七郎等人临床实验证实，经常饮茶可以及时补充人体中维生素 B_1、泛酸、水杨酸甲酯和多酚类，能防止糖尿病的发生。对于中度和轻度糖尿病患者能使血糖、尿糖减到很少，或完全正常；对于严重糖尿病患者，能使血糖、尿糖降低，各种主要症状减轻。

五、铁观音的减肥健美作用

肥胖症是一种伴随人们生活水平不断提高而出现的营养失调性病症，它是由于营养摄取过多或是体内贮存的能量利用不够而引起的。肥胖症不仅给人们日常生活带来诸多不便，而且也是引发心血管疾病、糖尿病的一个原因。

1996年，福建省中医药研究院对102个患有单纯性肥胖的成年男女，进行了饮用铁观音减肥作用的研究。研究表明，铁观音中含有大量的茶多酚物质，不仅可提高脂肪分解酶的作用，而且可促进组织的中性脂肪酶的代谢活动。因而饮用铁观音能改善肥胖者的体型，有效减少肥胖者的皮下脂肪和腰围，从而减轻其体重。

六、铁观音的防治龋齿作用

人们一般认为危害人的牙齿有两大疾病，一是龋齿，二是牙周炎。龋齿俗称蛀牙，是牙科常见的多发病。龋齿发生的原因很多，其中有一个重要原因是：牙齿钙化较差，质地不够坚硬，容易受到破坏。饮茶可以保护牙齿，在我国古代早已应用。宋代的苏东坡在《茶说》中云："浓茶漱口，既去烦腻，且能坚齿、消蠹。"现代科学分析，铁观音中含有较丰富的氟，而一般食物中含氟量很少。铁观音中的氟化物约有40%～80%溶解于开水，极易与牙齿中的钙质相结合，在牙齿表面形成一层氟化钙，起到防酸抗龋的作用。

日本曾在两个相邻的村庄对入学儿童的龋齿率做过调查，结果表明，饮用铁观音对防治龋齿有良好的效果。每个入学儿童每天喝一杯铁观音，按含氟量0.4毫克计算，持续一年，原患龋齿的儿童中就有一半痊愈。日本统计了100所小学中患有龋齿的在校学生，经改饮铁观音后，其中有55%患龋齿的学生病情明显减轻。由此可见，饮用铁观音对未得龋齿的人有预防作用，对已得龋齿的人有治疗作用。

七、铁观音的杀菌止痢作用

在安溪民间早有采用铁观音治疗痢疾和肚子痛的做法。我国古代医学书籍中也有不少利用茶叶来治疗细菌性痢疾、赤痢、白痢、急性肠炎、急性胃炎的记载。铁观音为什么能起到杀菌止痢作用呢？主要是茶多酚化合物的作用。由于茶多酚进入胃肠道后，能使肠道的紧张功能松弛，缓和肠道运动；同时，又能使肠道蛋白质凝固，因为细菌的本身是由蛋白质构成的，茶多酚与细菌蛋白质相遇后，细菌即行死亡，起到了保护肠胃黏膜的作用，所以有治疗肠炎的功效。

八、铁观音的清热降火作用

茶叶是防暑降温的好饮料。李时珍《本草纲目》载："茶苦味寒，……最能降火，火为百病，火降则上清矣。……温饮则火因寒气而下降，热饮则借火气而升散。"在盛夏三伏天，酷日当空，暑气逼人的时候，饮上一杯清凉铁观音或是一杯热铁观音，都会感到身心凉爽，生津解暑。这是因为茶汤中含有的茶多酚类、糖类、氨基酸、果胶、维生素等与口腔中的唾液起了化学反应，滋润口腔，所以能起到生津止渴的作用。同时，由于铁观音中的咖啡碱作用，促使大量的能量从人体的皮肤毛孔里散出。据报道，喝一杯热茶，通过人体的皮肤毛孔出汗散发的热量，相当于这杯茶的50倍，故能使人感到凉爽解暑。

九、铁观音的提神益思作用

饮茶可以提神益思几乎人人皆知。我国历代医书记载颇多，历代文人墨客、高僧也无不挥动生花妙笔，颂茶之提神益思之功。白居易《赠东邻王十三》诗曰："携手池边月，开襟竹下风。驱愁知酒力，破睡见茶功。"诗中明白地提到了茶叶提神破睡之功。苏东坡诗曰："建茶三十片，不审味如何。奉赠包居士，僧房战睡魔。"他说把建茶送给包居士，让其饮了在参禅时可免打瞌睡。饮茶可以益思，故受到人们的喜爱，尤其为一些作家、诗人及其他脑力劳动者所深爱。如法国的大文豪巴尔扎克、英籍华人女作家韩素音和我国著名作家姚雪垠等都酷爱饮茶，以助文思。

铁观音可提神益思，其功能主要在于茶叶中的咖啡碱。咖啡碱具有兴奋中枢神经、增进思维、提高效率的功能。因此，饮茶后能破睡、提神、去烦、解除疲倦、清醒头脑、增进思维，能显著地提高口头答辩能力及数学思维的反应。同时，由于铁观音中含有多酚类等化合物，抵消了纯咖啡碱对人体产生的不良影响。这也是饮茶历史源远流长、长盛不衰、不断发展的重要原因之一。

十、铁观音的醒酒敌烟作用

茶能醒酒敌烟，这也是众所周知的事实。明代理学家王阳明的"正如酲醉后，醒酒却须茶"之名句，说明我国人民早就认识到饮茶解酒的功效。古人常常"以酒浇愁"、"以茶醒酒"。唐朝诗人刘禹锡，有一天喝醉了酒，想起了白居易有"六班茶"可以解酒，便差人送物换茶醒酒，被后人传为茶事佳话。酒的主要成分是酒精，一杯酒中含有 10％～70％的酒精。而铁观音茶多酚能和乙醇(酒中主要成分)相互抵消，故饮茶能解酒。

铁观音不仅能醒酒，而且能敌烟。由于铁观音中含有一种酚酸类物质，能使烟草中的尼古丁沉淀，排出体外。同时，铁观音中的咖啡碱能提高肝脏对药物的代谢能力，促进血液循环，把人体血液中的尼古丁从小便排泄出去，减轻和消除尼古丁带来的副作用。当然，这种作用不仅仅是咖啡碱的单一功效，而是与茶多酚、维生素 C 等多种成分协同配合的结果。

一杯清茶，一段人生，一丝回味！喝茶，可以休闲，更可会友，对坐倾谈，更多品味、更多回味！

什么人宜喝什么茶

用脑过多：茉莉花茶、绿茶
体力劳动、运动过后：乌龙茶、红茶
常处于空气污染严重的环境：绿茶
缺乏劳动和运动的人：绿茶、花茶
嗜烟酒者：绿茶

肉食主义者：乌龙茶

阴虚体质者：绿茶

阳虚体质、脾胃虚寒者：乌龙茶、花茶

便秘：蜂蜜茶

减肥美容：乌龙茶、普洱茶、绿茶

抗癌、防癌：绿茶

降血脂、防动脉硬化：乌龙茶、绿茶

延年益寿：乌龙茶、红茶

多饮茶可防慢性胃炎

幽门螺杆菌（HP）感染已成为全球关注的公共卫生问题，但尚无定论。由杭州市卫生监督所承担，浙江大学医学院附属第一医院协作完成的"胃病患者幽门螺杆菌感染危险因素的研究"提出：多吃豆类食物，多饮茶，少吃辛辣食物，可免遭 HP 的感染。

幽门螺杆菌是世界上感染率最高的细菌之一，是慢性活动性胃炎的直接病因。为进一步探索和揭示胃病患者 HP 感染的危险因素，杭州市卫生监督所和浙医一院课题组，调查分析了浙江省胃病患者 HP 感染的主要影响因素。

调查发现胃病患者总 HP 感染率为 50.21%，通过对 484 位胃病患者生活与健康状况的流行病学调查研究揭示：

男性病例组人均每日重体力劳动时间明显多于对照组；

同胞、父母及其同胞、子女和孙子女中有肝病史的人数也明显多于对照组；

喜欢吃辣的食物与 HP 感染明显相关；

吸烟年数和吸烟量也会明显增加 HP 感染的危险性；

而喜欢吃豆类食物、饮井水、平时吃饭定时则与 HP 感染明显呈负相关；

经常饮茶明显会减少 HP 的感染，饮茶的年数越长和饮茶量越多，则 HP 阳性者越少；

文化程度高低也与 HP 感染呈负相关；

女性病例组喝含有咖啡因的饮料会增加 HP 感染的危险性。

从这项调查中可以看出，多饮茶可防慢性胃炎。

电脑族每天应喝四种茶

长时间面对电脑不利于眼睛的健康。有关专家建议：每天喝"四杯茶"，不仅可以减少辐射的侵害，还有益于保护眼睛。

上午喝一杯绿茶。绿茶中含强效的抗氧化剂以及维生素 C，不但可以清除体内的自由基，还能分泌出对抗紧张压力的荷尔蒙。绿茶中所含的少量咖啡因可以刺激中枢神经，提振精神。不过最好在白天饮用，以免影响睡眠。

下午喝一杯菊花茶。菊花有明目清肝的作用，不少人将菊花和枸杞一起泡水来喝，或是用蜂蜜加菊花茶，都对"解郁"有帮助。

疲劳时喝一杯枸杞茶。枸杞含有丰富的 β 胡萝卜素，维生素 B_1、维生素 C、钙、铁，具有补肝、益肾、明目的作用。枸杞本身具有甜味，可以泡茶也可以像葡萄干一样做零食，对消除"电脑族"眼睛干涩、疲劳有一定的作用。

晚间喝一杯决明茶。决明子有清热、明目、补脑髓、镇肝气、益筋骨的作用，晚餐后饮用，对于治疗便秘很有效果。

经典美容瘦身茶

一、经典减肥茶

1. 黑茶

可抑制小腹脂肪堆积。一说起肥胖，人们马上会想到腹部脂肪，而黑茶对抑制腹部脂肪的增加有明显的效果。黑茶是由黑曲菌发酵制成，顾名思义，是黑色。在发酵过程中产生一种普诺尔成分，从而起到了防止脂肪堆积的作用。想用黑茶来减肥，最好是喝刚泡好的浓茶。另外，应保持一天喝 1.5 升，在饭前饭后各饮一杯，长期坚持下去。

2. 荷叶茶

古代减肥秘药是一种用荷花的花、叶及果实制成的饮料，它不仅能令人神清气爽，还有改善面色、减肥的作用。充分利用荷叶茶来减肥，需要一些小窍门。首先必须是浓茶，第二次泡的效果不好。其次是一天分 6 次喝，有便秘迹象的人一天可喝 4 包，分 4 次喝完，使大便畅通，对减肥更有利。第三，最好是在空腹时饮用。其好处在于不必节食，荷叶茶饮用一段时间后，对食物的爱好就会自然发生变化，变得不爱吃油腻的食物了。

3. 乌龙茶

可燃烧体内脂肪。乌龙茶是半发酵茶，几乎不含维他命 C，却富含铁、钙等矿物质，含有促进消化酶和分解脂肪的成分。饭前、饭后喝一杯乌龙茶，可促进脂肪的分解，使其不被身体吸收就直接排出体外，防止因脂肪摄取过多而引发的肥胖。

4. 杜仲茶

可降低中性脂肪。因为杜仲所含成分可促进新陈代谢和热量消耗，而使体重下降。除此之外，还有预防衰老、强身健体的作用。

二、美容瘦身绿茶

绿茶真的能瘦身，你信吗？原因是绿茶中的芳香族化合物能溶解脂肪、化浊去腻、防止脂肪积滞体内，维生素 B_1、维生素 C 和咖啡因能促进胃液分泌，有助消化与消脂。绿茶还可以增加体液、营养和热量的新陈代谢，强化微血管循环，减低脂肪的沉积。花上几分钟，调配一壶香浓的绿茶，在润舌的同时，既美容又瘦身！

1. 客家擂茶

瘦身茶方：绿茶粉、薏米粉。

做法：将绿茶粉放到碗里，加一些炒熟的薏米粉或黄豆，加上奶油搅拌均匀，用热开水冲泡即可饮用。

功效：美容养颜，使肤质透嫩，还可利尿消脂。

2. 窈窕绿茶

瘦身茶方：绿茶粉6克、山楂5钱。

做法：加三碗水煮沸6分钟，三餐后饮用，加开水冲泡还可续饮，每日一帖。

功效：可以消除赘肉油脂，对瘀血的散化也很有效。

3. 荷叶清茶

瘦身茶方：绿茶粉2克、荷叶3钱。

做法：以沸水冲泡，可当饮料喝。

功效：对口干舌燥、长青春痘、血气不好、脸部皮肤松软不结实、肥胖症的疗效均佳。

4. 消脂绿茶

瘦身茶方：绿茶1克、大黄半钱。

做法：用沸腾开水冲泡即可饮用。

功效：可治口臭、口腔破皮，降火、通便，除赘肉，常饮此茶还可抗衰老。但平常大便软的人，吃了容易泻肚子，服用时一定要注意。

明目清肝的菊花茶

一、菊花茶对眼睛有保健作用

菊花对治疗眼睛疲劳、视力模糊有很好的疗效，国人自古就知道菊花有保护眼睛的作用。除了涂抹眼睛可消除浮肿之外，平常就可以泡一杯菊花茶来喝，能使眼睛疲劳的症状消退，如果每天喝三到四杯的菊花茶，对恢复视力也有帮助。

菊花的种类很多，不懂门道的人会选择花朵白且大朵的菊花。其实又小又丑且颜色泛黄的菊花反而是上选。菊花茶其实是不加其他茶叶，只将干燥后的菊花泡水或煮来喝就可以，冬天热饮、夏天冰饮都是很好的饮料。

另外如果早上起来眼睛浮肿，还有一法：用棉花沾上菊花茶的茶汁，涂在眼睛四周，很快就能消除这种浮肿现象。

二、多饮菊花茶也有副作用

菊花茶是一种比较清香的茶饮，但不同体质的人应选择不同的凉茶，随便乱喝不仅不能达到保健作用，有时反而会引起副作用。上火，须辨明虚实：夏枯草、菊花茶等有清热去火、清肝明目之效，对于这两种火旺都有对症灭火的作用。但须注意，由于性偏苦寒，体虚之人不宜多喝。

女性喝茶要注意择期

现代人都知道，饮茶对健康的好处有很多，但是对女性来说，"特殊时期"的随意饮茶，或许会带来麻烦。

行经期：经血中含有比较高的血红蛋白、血浆蛋白和血色素，所以女性在经期或是经期过后应该多吃含铁比较丰富的食品。而茶叶中含有30%以上的鞣酸，它妨碍肠黏膜对于铁分子的吸收和利用，在肠道中较易同食物中的铁分子结合，产生沉淀，使食物不能起到补血的作用。

妊娠期：茶叶中含有较丰富的咖啡碱，饮茶将加剧孕妇的心跳速度，增加孕妇的心、肾负担，增加排尿，从而使妊娠中毒的危险性增加，更不利于胎儿的健康发育。

临产期：这期间饮茶，会因咖啡碱的作用而引起心悸、失眠，导致体质下降，还可能导致分娩时产妇精神疲惫，造成难产。

哺乳期：茶中的鞣酸被胃黏膜吸收，进入血液循环后，会产生收敛的作用，从而抑制乳腺的分泌，造成乳汁的分泌障碍。此外，由于咖啡碱的兴奋作用，母亲不能得以充分睡眠，而乳汁中的咖啡碱进入婴儿体内，会使婴儿肠痉挛的危险性增加，出现无故啼哭。

更年期：45岁以后，女性开始进入更年期。在此期间，除感情容易冲动以外，有时还会出现乏力、头晕、失眠、心悸、痛经、月经失调等现象，还有可能诱发其他疾病，饮用浓茶则可能会使这些现象加剧。

既然女性在特殊时期不宜饮茶，不妨改用浓茶水漱口，会有意想不到的效果：

经期用茶水漱口，你会感到口腔内清爽舒适、口臭消失，使"不方便"的日子拥有一个好心情。

怀孕期孕妇容易缺钙，此时用茶水漱口可以较有效地预防龋齿，还可以使原有病变的牙齿停止发展。

临产期用茶水漱口，可以增加食欲，白天精力旺盛，夜晚提高睡眠质量，对于精神状况都会有不同程度的改善。

在哺乳期使用茶水漱口，可以预防牙龈出血，同时杀灭口腔中的细菌，保持口腔中的清洁，提高乳汁的质量。

更年期会有不同程度的牙齿松动，在牙周产生许多厌氧菌，目前没有特效药杀灭这种病菌，可是用茶水漱口则可以防治牙周炎。

漱口时，可以取优质的茉莉花茶5克，用40毫升水冲泡30分钟，然后分早、中、晚三次含漱，冲泡的水温以80℃～90℃为宜。

品茗听壶

茶具简史

中国古代茶具发展简史

茶具，其定义古今并非相同。古代茶具，泛指制茶、饮茶使用的各种工具，包括采茶、制茶、贮茶、饮茶等大类，陆羽《茶经》就是这样概述茶具的。现在所指专门与泡茶有关的专门器具，古时叫茶器，直到宋代以后茶具与茶器才逐渐合一。目前，则主要指饮茶器具。《茶经》中详列了与泡茶有关的用具 8 大类、28 种，对茶具总的要求是实用性与艺术性并重，力求有益于茶的汤质，又力求古雅朴美。

茶具对茶汤的影响，主要在两个方面：一是表现在茶具颜色对茶汤色泽的衬托。陆羽《茶经》推崇青瓷，"青则益茶"，即青瓷茶具可使茶汤呈绿色（当时茶色偏红）。随着制茶工艺和茶树种植技术的发展，茶的原色在变化，茶具的颜色也随之而变；二是茶具的材料对茶汤滋味和香气的影响，材料除要求坚而耐用外，至少要不损茶质。

中国茶具种类繁多，造型优美，兼具实用价值和鉴赏价值，为历代饮茶爱好者所青睐。茶具的使用、保养、鉴赏和收藏，业已成为专门的学问，世代不衰。

一、古代茶具的概念及其种类

茶具，古代也称茶器或茗器。"茶具"一词最早在汉代已出现。据西汉辞赋家王褒《僮约》有"烹茶尽具，酺（pú）已盖藏"之说，这是我国最早提到"茶具"的一条史料。到唐代，"茶具"一词在唐诗里随处可见，诸如唐代诗人陆龟蒙《零陵总记》说："客至不限瓯数，竞日执持茶器。"白居易《睡后茶兴忆杨同州诗》："此处置绳床，旁边洗茶器。"唐代文学家皮日休《褚家林亭》有"萧疏桂影移茶具"之语，宋、元、明几个朝代，"茶具"一词在各种书籍中都可以看到，如《宋史·礼志》载："皇帝御紫宸殿，六参官起居北使……是日赐茶器名果。"宋代皇帝将"茶器"作为赐品，可见当时"茶具"十分名贵，北宋画家文同有"惟携茶具赏幽绝"的诗句。南宋诗人翁卷写有"一轴黄庭看不厌，诗囊茶器每随身"的名句，元代画家王冕《吹箫出峡图诗》有"酒壶茶具船上头"的名句。明初号称"吴中四杰"之一的画家徐贲一天夜晚邀友人品茗对饮时，他乘兴写道："茶器晚犹设，歌壶醒不敲。"不难看出，无论是唐宋诗人，还是元明画家，他们笔下都经常会出现包含"茶具"的诗句。这说明茶具是茶文化不可分割的重要部分。

现代人所说的"茶具"，主要指茶壶、茶杯这类饮茶器具，其种类是屈指可数的。但是古代"茶具"的概念似乎指更大的范围。

按唐代文学家皮日休《茶具十咏》中所列出的茶具种类有"茶坞、茶人、茶笋、茶籝、茶舍、茶灶、茶焙、茶鼎、茶瓯、煮茶"。其中"茶坞"是指种茶的凹地。"茶人"指采茶者，如《茶经》说："茶人负以（茶具）采茶也。""茶籝"是箱笼一类器具。唐代陆龟蒙《茶籝诗》曰："金刀劈翠筠，织似波纹斜。"可知"茶籝"是一种竹制、编织有斜纹的茶具。"茶舍"多指茶人居住的小茅屋，唐代皮日休《茶舍诗》曰："阳崖枕白屋，几日嬉嬉活。棚上汲红泉，焙前煎柴蕨。乃翁研茶后，中妇拍茶歇。相向掩柴扉，清香满山月。"诗词描写出茶舍人家焙茶、研（碾）茶、煎茶、拍茶辛劳的制茶过程。古人煮茶要用火炉（即炭炉），唐以来煮茶的炉通称"茶灶"，《唐书·陆龟蒙传》说陆龟蒙居住松江甫里，不喜与流俗交往，虽有人登门也不肯见，不乘马，不坐船，整天只是"设蓬席斋，束书茶灶"，往来于江湖，自称"散人"。宋南渡后誉为"四大家"

之一的杨万里《压波堂赋》有"笔床茶灶，瓦盆藤尊"之句。唐代诗人陈陶《题紫竹诗》写道："幽香入茶灶，静翠直棋局。"可见，唐宋文人墨客无论是读书，还是下棋，都与"茶灶"相傍，又见茶灶与笔床、瓦盆并列，说明至唐代开始，"茶灶"就是日常必备之物了。古时把烘茶叶的器具叫"茶焙"。据《宋史·地理志》提到"建安有北苑茶焙"。又依《茶录》记载说，茶焙是一种竹编，外包裹箬叶（箬竹的叶子），因箬叶有收火的作用，可以避免把茶叶烘黄，茶放在茶焙上，用小火烘制，就不会损坏茶色和茶香了。

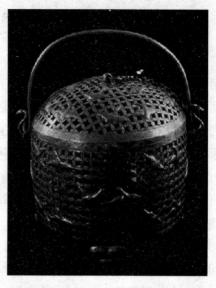

金银丝结条笼子——唐用于炙烤茶饼

　　除了上述列举的茶具之外，在各种古籍中还可以见到的茶具有：茶鼎、茶瓯、茶磨、茶碾、茶臼、茶柜、茶榨、茶槽、茶宪、茶笼、茶筐、茶板、茶挟、茶罗、茶囊、茶瓢、茶匙等等。究竟有多少种茶具呢？据《云溪友议》说："陆羽造茶具二十四事。"如果按照唐代文学家《茶具十咏》和《云溪友议》之言，古代茶具至少有 24 种。这段史料所言的"茶具"概念与现在是有很大不同的。

　　二、中世纪后期煮茶茶具的改进

　　古人饮茶之前，先要将茶叶放在火炉上煎煮。在唐代以前的饮茶方法，是先将茶叶碾成细末，加上油膏、米粉等，制成茶团或茶饼，饮时捣碎，放上调料煎煮。煎煮茶叶究竟起于何时，唐代以来诸家就有过争论。如宋代欧阳修《集古录跋尾》说："于茶之见前史，盖自魏晋以来有之。"后人看到魏时的《收勘书图》中有"煎茶者"，所以认为煎茶始于魏晋。据《南窗纪谈》"饮茶始于梁天监（502～519 年）中事。"而据王褒《僮约》有"烹茶尽具"之语，说明煎煮茶叶需要一套器具。可见西汉已有烹茶茶具。时至唐代，随着饮茶文化的蓬勃发展，蒸焙、煎煮等技术更是成熟起来。据《画墁录》记载："贞元（785～805 年）中，常衮为建州刺史，始蒸焙而研之，谓研膏茶，其后稍为饼样，故谓之一串。"茶饼、茶串必须要用煮茶茶具煎煮后才能饮用。这样无疑促进了茶具的改革，而进入一个新型茶具的时代。

从中世纪后期来看，宋、元、明三代，煮茶器具是使用一种铜制的"茶炉"。据《长物志》记载：宋元以来，煮茶器具叫"茶炉"，也称"风炉"。陆游《山行过僧庵不入》曰："茶炉烟起知高兴，棋子声疏识苦心。"依此说，宋代陆游年间就有"茶炉"一名，元代著名的茶炉有"姜铸茶炉"，《遵生八笺》说："元时，杭城有姜娘子和平江的王吉二家铸法，名擅当时。"这二家铸法主要精于炉面的处理，使之光滑美观，又在茶炉上有细巧如锦的花纹。"制法仿古，式样可观"，还说"炼铜亦净……或作"，实指镀金。由此可见，元代茶炉非常精致。时至明朝，社会也普遍使用"铜茶炉"，而特点是在做工上讲究雕刻技艺。其中有一种饕餮（tāo tiè）铜炉在明代最为华贵。"饕餮"是古代一种恶兽名，一般在古代钟鼎彝器上多见到这种琢刻的兽形，是一种讲究的琢刻装饰。由此可见，明代茶炉多重在仿古，雕刻技艺十分突出。我国中世纪后期，除了煮茶用茶炉，还有专门煮水用的"汤瓶"。当时俗称"茶吹"，或"铫（diào）子"。最早我国古人多用鼎和镬煮水。《淮南子·说山训》载："尝一脔肉，知一镬之味。"高诱注："有足曰鼎，无足曰镬"（明清时期，我国南方一些地区把"镬"叫锅）。从史料记载来看，到中世纪后期，用鼎、镬煮水的古老方法才逐渐被"汤瓶"取而代之。过去一些专家认为，我国约在元代出现"泡茶"（即"点茶"）方法，因此元代煮水器具为之一变（指改用"汤瓶"）。但据相关史料记载，煮水用瓶在南宋就存在了。南宋罗大经《鹤林玉露》有记载说："茶经以鱼目、涌泉、连珠为煮水之节，然近世（指南宋）沦茶，鲜以鼎镬，用瓶煮水，难以候视，则当以声辨一沸、二沸、三沸。"依罗大经之意，过去（南宋以前）用上口开放的鼎、镬煮水，便于观察水沸的程度，而改用瓶煮水，因瓶口小，难以观察到瓶中水沸的情况，只好靠听水声来判断水沸程度，《鹤林玉露》又说："陆氏（陆羽）之法，以末（指碾碎的茶末）就茶，故以第二沸为合量下末。"陆羽是唐朝人，是《茶经》的作者，被认为是我国唐代茶文化兴起的奠基人。这样一个茶家煮水都使用"镬"，足可说明唐代还未曾使用"汤瓶"。又据宋代文学家苏轼在《试院煎茶》中谈到煮水说"蟹眼已过鱼眼生，飕飕欲作松风鸣……银瓶泻汤夸第二，未识古人煎水意。"苏轼的这段诗词可以作为宋代以来煮水用"汤瓶"的又一很好的例证。

明朝，沦茶煮水使用"汤瓶"更是普遍之事，而且汤瓶的样式品种也多起来。从金属种类分，有锡瓶、铅瓶、铜瓶等。当时茶瓶的形状多是竹筒形。《长物志》的作者文震亨说，这种竹筒状汤瓶好处在于"既不漏火，又便于点注（泡茶）"。可见汤瓶既可煮水，又可用于泡茶。明代同时也开始用瓷茶瓶，可是因为"瓷瓶煮水，虽不夺汤气，然不适用，亦不雅观"，所以实际上，明代日常生活中是不用瓷茶瓶的。明朝"茶瓶"中还有奇形怪状的作品。《颂古联珠通集》载"一口吸尽江南水，庞老不曾明自己，烂碎如泥瞻似天，巩县茶瓶三只嘴。"明朝竟有三只嘴的茶瓶，稀奇到了脱离生活实际的地步。无疑，这种怪异茶瓶只能作为收藏装饰物，仅此而已。

三、唐宋以来饮茶茶具有新的改进发展

古代饮茶茶具主要指盛茶、泡茶、喝茶所用器具。这一概念与现在所说的茶具基本相同。唐宋以来的饮茶茶具在用料上主要是陶瓷，金属类饮茶茶具在唐宋以来是少见的。因为金属茶具泡茶远不如陶瓷品，所以是不能登上所谓茶道雅桌的。唐以来主要变化较大的饮茶茶具有：茶壶、茶盏（杯）和茶碗。这几种茶具与饮茶文化的兴起是有直接关系的。

1. 茶壶

茶壶在唐代以前就有了。唐代人把茶壶称"注子"，其意是指从壶嘴里往外倾水，据《资暇录》载："元和初（806年，唐宪宗时）酌酒犹用樽杓……注子，其形若罂，而盖、嘴、柄皆具。"罂是一种小口大肚的瓶子，唐代的茶壶类似瓶状，腹部大便于装更多的水，口小利于泡茶注水。约到唐代末期，世人不喜欢"注子"这个名称，甚至将茶壶柄去掉，整个样子形如"茗瓶"，因没有提柄，所以又把"茶壶"叫"偏提"。后人把泡茶叫"点注"，就是根据唐代茶壶有"注子"一名而来。明代茶

道艺术越来越精,对泡茶、观茶色、酌盏、烫壶更有讲究,要达到这样高的要求,茶具也必然要改革创新。比如明朝茶壶开始看重砂壶,就是一种新的茶艺追求。因为砂壶泡茶不吸茶香,茶色不损,所以砂壶被视为佳品。据《长物志》载:"茶壶以砂者为上,盖既不夺香,又无热汤气。"说到宜兴砂壶几乎无人不知。而宜兴砂壶正是明朝始有名声。据史料记载,明朝宜兴有一位名叫供春的陶工是使宜兴砂壶享誉的第一人。《阳羡名陶录》记载说:"供春,吴颐山家僮也。"吴颐山是一位读书人,在金沙寺中读书,供春在家事之余,偷偷模仿寺中老僧用陶土制坯,制做砂壶。结果他做出的砂壶盛茶香气很浓,热度保持更久,传闻出去,世人纷纷效仿,社会上出现争购"供春砂壶"的现象。供春真姓"龚",所以也写成"龚春"砂壶。此后又有一个名叫时大彬的宜兴陶工,用陶土,或用染颜色的砳(náo)砂土制作砂壶。开始,时大彬模仿"供春"砂壶,壶形比"供春"砂壶更大,一次时大彬到江苏太仓做生意,偶然在茶馆中听到"诸公品茶施茶之论",顿生感悟,回到宜兴后始作小壶。其壶"不务妍媚,而朴雅坚栗,妙不可思……前后诸名家,并不能及"。《画航录》说:"大彬之壶,以柄上拇痕为识。"是说世人以壶柄上留有时大彬拇指印者为贵。从此宜兴砂壶名声远布,流传至今,还是人见人爱的精制茶具。

2. 茶盏、茶碗

古代饮茶茶具主要有"茶椀(碗)"、"茶盏"等陶瓷制品。茶盏在唐代以前已有,《博雅》说:"盏杯子。"宋时开始有"茶杯"之名。陆游有诗云:"藤杖有时缘石磴,风炉随处置茶杯。"现代人多称茶杯或茶盏。茶盏是古代一种饮茶用的小杯子,是"茶道"文化中必不可少的器具之一。大家知道,我国茶文化兴起于汉唐,盛于宋代。茶盏也随同茶文化的盛起而有较大的变化。

宋代茶盏非常讲究陶瓷的成色,尤其追求"盏"的质地、纹路细腻和厚薄均匀。据宋代蔡襄《茶录》载:"茶白色;宜黑盏,建安所造者绀黑,纹路兔毫,其杯微厚,燲(xié)火,久热难冷,最为要用,出他处者,或薄或色紫,皆不及也。其青白盏,斗试家自不用。"依这段史料,可以看出,如盛白叶茶,就选用黑色茶盏,说明当时已经注意到茶具的搭配关系。搭配的目的就是为了有更好的茶色与茶香。宋代建安(今福建省建瓯市)制造的一种稍带红色的黑茶盏，被时人看作是佳品，其次可以看到，当时评赏茶盏的质量，还有茶盏表面的细纹，如建安的绀黑茶盏已经精制到“纹路兔毫”的地步，足见陶艺水平很高。再者看“熷火”。“熷火”之意见《广韵》曰“火气上”，又《集韵》“火通也”，含烫意。这里“熷火”实指茶杯中热气的散发程度，明清时期，江苏的宝应、高邮一带把“熷火”称为“烫手”。宋代建安生产的“绀黑盏”比其他地区产品要厚，所以捧在手中有“久热难冷”的好处。因此被看作是宋代茶盏一流产品。

《长物志》中还记录有明朝皇帝的御用茶盏，可以说是我国古代茶盏工艺最完美的代表作。《长物志》说：“明宣宗(朱瞻基)喜用尖足茶盏，料精式雅，质厚难冷，洁白如玉，可试茶色，盏中第一。”三足茶盏世属罕见。明宣宗的茶盏形状实在怪异，可见明代陶艺人思维活跃，有所创新。另外，明朝的第十一代皇帝明世宗(朱厚熜)则喜用坛形茶盏，时称“坛盏”。明世宗的坛盏上特别刻有“金箓大醮坛用”的字样。“醮坛”是古代道士设坛祈祷的场所。因明世宗后期沉迷于道教，每天“斋醮饵丹药”。他在“醮坛”中摆满茶汤、果酒，经常独自坐在醮坛上，手捧坛盏，一面小饮一边向神祈求长生不老。可是这样并没有使这位皇帝长寿，他年仅59岁就驾崩了。

据史料记载，明代贵重的茶盏主要有“白定窑”的产品，白定即指白色定瓷窑，这种窑瓷为宋代建于定州。在定州，窑瓷茶盏上有素凸花、划花、印花、牡丹、萱草、飞凤等花式。又分红、白两种。时人辨别白定瓷的真伪，主要从是否白色滋润，或见釉色如竹丝白纹等判定是否为真品。因定州瓷色白，故称“粉定”，也称“白定”。尽管白定窑茶盏色白光滑滋润，但是在明朝白定窑茶盏始终是作为“藏为玩器，不宜日用”。为什么这样一种外表美观的茶盏不能作为日用品呢？原因很简单，古人饮茶时，要“点茶”而饮，点茶前先要用热水烫盏，使盏变热，如果盏冷而不热的话，泡出来的茶色不浮，因此也影响到茶色和茶味。白定茶盏的缺点是“热则易损”。即见热易破裂，可谓是好看不好用，所以被明人作为精品玩物收藏。

碗，古称"椀"或"盌"。先秦时期，又有"榶盂"一名。《荀子》说："鲁人以榶，卫人用柯"（原注：盌谓之椀，盂谓之柯）。《方言》又说："楚、魏、宋之间，谓之盂。"可见椀、盌、榶、柯都是一种形如凹盆状的生活用品，所以古人称"盂"。现代人习惯上已把碗和盂清楚地分开了。

在唐宋时期，用于盛茶的碗，叫"茶椀"（碗），茶碗比吃饭用的更小，这种茶具的用途在唐宋诗词中有许多反映。诸如唐代白居易《闲眠》云："尽日一飧茶两碗，更无所要到明朝。"诗人一餐喝两碗茶，可知古时茶碗不会很大，也不会太小。韩愈、孟郊等的《会合联句》说："云弦寂寂听，茗盌纤纤捧。""纤纤"多形容细。依此说，唐代茶碗确实不大，而且也非圆形。

上述不难看出，茶碗也是唐代一种常用的茶具，茶碗当比茶盏稍大，但又不同于如今的饭碗，当是一种"纤纤状"如古代酒盏形，从诗词来看，唐宋文人墨客大碗饮茶，以茗享洗诗肠的那般豪饮，从侧面反映出古代文人与饮茶结下不解之缘。

历代茶具概览

从饮茶开始就有了茶具，从粗糙古朴的陶碗到造型别致的茶壶，历经几千年的变迁，这一只只茶具的造型、用料、色彩和铭文，都是历史发展的反映。历代茶具名师艺人创造了形态各异、丰富多彩的茶具艺术品，留传下来的传世之作，是不可多得的文物古董。

茶具如同其他饮具、食具一样，它的发生和发展，经历了一个从无到有，从共用到专一，从粗糙到精致的历程。随着"茶之为饮"，茶具也就应运而生，并随着饮茶的发展，茶类品种的增多，饮茶方法的不断改进，而不断发生变化，制作技术也不断完善。

一、隋及隋以前的茶具

一般认为我国最早饮茶的器具，是与酒具、食具共用的，这种器具是陶制的缶，一种小口大肚的容器。《韩非子》中就说到尧时饮食器具为土缶。如果当时饮茶，自然只能以土缶作为器具。史实表明，我国的陶器生产已有七八千年历史。浙江余姚河姆渡出土的黑陶器，便是当时食具兼作饮具的代表作品。但按现有史料而论，一般认为我国最早谈及饮茶使用器具的是西汉王褒的《僮约》中谈到"烹茶尽具，酺而盖藏"。这里的"尽"作"净"解。《僮约》原本是一份契约，所以在文内写有要家僮烹茶之前，洗净器具的条款。这便是在中国茶具发展史上，最早谈及饮茶用器具的史料。

但是，明确表明有茶具意义的最早文字记载，则是西晋左思的《娇女诗》："心为茶荈剧，吹嘘对鼎𬉢。"这里的"鼎𬉢"当属茶具。唐代陆羽在《茶经·七之事》中引《广陵耆老传》载：晋元帝(317～322年)时，"有老姥每旦独提一器茗，往市鬻之。市人竞买，自旦至夕，其器不减。"接着，《茶经》又引述了西晋八王之乱时，晋惠帝司马衷(290～306年)蒙难，从河南许昌回洛阳，侍从"持瓦盂承茶"敬奉之事。所有这些，都说明我国在隋唐以前，汉代以后，尽管已有出土的专用茶具出现，但食具和包括茶具、酒具在内的饮具之间，区分也并不十分严格，在很长一段时间内，两者是共用的。

二、唐(含五代)28种茶具

由于唐时茶已成为国人的日常饮料，更加讲究饮茶情趣，因此，茶具不仅是饮茶过程中不可缺少的器具，并有助于提高茶的色、香、味，具有实用性，而且，一件高雅精致的茶具，本身又富含欣赏价值，且有很高的艺术性。所以，我国的茶具自唐代开始发展很快。中唐时，不但茶具门类齐全，而且讲究茶具质地，注意因茶择具，这在唐代陆羽《茶经·四之器》中有详尽记述。20世纪80年代后期，陕西省扶风县法门寺地宫出土的成套唐代宫廷茶具，与陆羽记述的民间茶具相映生辉，又使国人对唐代茶具有了更加完整的认识。但唐代的饮茶方式与今人有很大的不同，以致有许多茶具是今人未曾见到过的。这里，将唐代陆羽在《茶经》中开列的28种茶具中的一部分，按器具名称、规格、造型和用途，分别简述如下：

1. 风炉

风炉形如古鼎，有三足两耳。"厚三分，缘阔九分，令六分虚中"，炉内有床放置炭火。炉身下腹有三孔窗孔，用于通风。上有三个支架（格），用来煎茶。炉底有一个洞口，用以通风出灰，其下有一只铁制的灰承，用于承接炭灰。风炉的炉腹三个窗孔之上，分别铸有"伊公"、"羹陆"和"氏茶"字样，连起来读成"伊公羹，陆氏茶"。"伊公"指的是商朝初期贤相伊尹，"陆氏"当指陆羽本人。《辞海》引《韩诗外传》曰："伊尹……负鼎操俎调五味而立为相。"这是用鼎作为烹饪器具的最早记录，而陆羽是历史上用鼎煮茶的首创者，所以，长期以来，有"伊尹用鼎煮羹，陆羽用鼎煮茶"之说，一羹一茶，两人都是首创者。由此可见，陆羽首创铁铸风炉，在中国茶具史上，也可算是一大创造。

2. 灰承

灰承是一个有三只脚的铁盘，放置在风炉底部洞口下，供承灰用。

3. 炭挝

炭挝是六角形的铁棒，长一尺，上头尖，中间粗，握处细的一头有一个小环作为装饰。炭挝也可制成锤状或斧状，供敲炭用。

4. 火䇲

火䇲是用铁或铜制的火箸，圆而直，长一尺三寸，顶端扁平，供取炭用。

5. 交床

交床为十字形交叉作架，上置剜去中部的木板，供放置其他茶具。

6. 夹

夹用小青竹制成，长一尺二寸，供炙烤茶时翻茶用。

7. 纸囊

纸囊用双层剡藤纸（产于剡溪，在今浙江嵊州市境内）双层缝制，用来贮茶，可以"不泄其香"。

8. 碾

碾用橘木制作，也可用梨、桑、桐、柘等木制作。内圆外方，既便于运转，又可稳固不倒。内有一个车轮状带轴的装置，能在圆槽内来回转动，用它将炙烤过的饼茶碾成碎末，便于煮茶。

9. 拂末

拂末用鸟的羽毛做成，碾茶后，用来清掸茶末。

10. 罗合

罗为筛，合即盒，经罗筛下的茶末盛在盒子内。

11. 则

则用海贝、蛎蛤的壳，或铜、铁、竹制作的匙之类充当，供量茶用。

12. 水方

水方用稠木，如槐、楸、梓木锯板制成，板缝用漆涂封，可盛水一斗，用来煎茶。

13. 漉水囊

漉水囊的骨架可用不会生苔秽和腥涩味的生铜制作。此外，也可用竹、木制作，但不耐久，不便携带。只有用铁制作是不适宜的。囊可用青竹丝编织，或缀上绿色的绢。囊径五寸，并有柄，柄长一寸五分，便于手握。此外，还需做一个绿油布袋，平时用来贮放漉水囊。漉水囊实是一个滤水器，供清洁净水用。

14. 瓢

瓢又名栖杓，用葫芦剖开制成，或用木头雕凿而成，作舀水用。

15. 竹夹

竹夹用桃、柳、蒲葵木或柿心木制成，长一尺，两头包银，用来煎茶激汤。

16. 熟盂

熟盂用陶或瓷制成，用于贮熟水，可装二升水，供盛放茶汤，"育汤花"用。

17. 鹾簋

鹾簋(cuó guǐ)用瓷制成，圆心，呈盆形、瓶形或壶形。鹾就是盐，唐代煎茶加盐，鹾簋就是盛盐用的器具。

18. 揭

揭用竹制成，用来取盐。

19. 碗

碗用瓷制成，供盛茶饮用。在唐代文人的诗文中，更多的称茶碗为"瓯"。此前，也有称其为"盏"的。

20. 畚

畚用白蒲草编织而成，衬以双幅剡纸，能放十只碗。

21. 札

札用茱萸木夹住棕榈皮，作成刷状，或用一段竹子，装上一束棕榈皮，形成笔状，供饮茶后清洗茶器用。

22. 涤方

涤方用楸木板制成，制法与水方相同，可装八升水，用来盛放洗涤后的水。

23. 滓方

滓方制法似涤方，容量五升，用来盛茶滓。

24. 巾

巾用粗绸制成，长二尺，两块可交替使用，用于擦干各种茶具。

25. 具列

用木或竹制成，呈床状或架状，能关闭，漆成黄黑色，长三尺，宽二尺，高六寸，用来收藏和陈列茶具。

26. 都篮

都篮用竹篾制成，里面用竹篾编成三角方眼，外面用竹篾作经编成方眼，用来盛放烹茶后的全部器物。

以上各种器具，是指唐时为数众多的茶具而言，但并非每次饮茶时必须件件具备。这在陆羽的《茶经》中说得很清楚，在不同的场合下，可以省去不同的茶具。

三、宋（含金、辽）茶具

宋代的饮茶方法与唐代相比，已发生了一定变化，主要是唐人用煎茶法饮茶逐渐为宋人摒弃，点茶法成了当时的主要方法。20世纪以来，河北省宣化县先后发掘出一批辽代墓葬，其中七号墓壁画中有一幅点茶图，它为我们提供了当时用点茶法饮茶的生动情景。

到了南宋，用点茶法饮茶更是大行其道。但宋人饮茶之法，无论是前期的煎茶法与点茶法并存，还是后期的以点茶法为主，其法都来自唐代，因此，饮茶器具与唐代相比大致一样，只是煎茶的碗，已逐渐为点茶的瓶所替代。北宋蔡襄在他的《茶录》中，专门写了"论茶器"，说到当时茶器有茶焙、茶笼、砧椎、茶钤、茶碾、茶罗、茶盏、茶匙、汤瓶。

宋徽宗的《大观茶论》列出的茶器有碾、罗、盏、钵、瓶、杓等，这些茶具的内容，与蔡襄《茶录》中提及的大致相同。值得一提的是南宋审安老人的《茶具图赞》。审安老人真实姓名不详，他于宋咸淳五年（1269年）集宋代点茶用具之大成，以传统的白描画法画了12件茶具图形，称之为"十二先生"，并按宋时官制冠以职称，赐以名、字、号，足见当时上层社会对茶具钟爱之情。"图"中的"十二先生"，作者还批注"赞"誉。

其实，《茶具图赞》所列附图表明：韦鸿胪指的是炙茶用的烘茶炉，木待制指的是捣茶用的茶臼，金法曹指的是碾茶用的茶碾，石转运指的是磨茶用的茶磨，胡员外指的是量水用的水杓，罗枢密指的是筛茶用的茶罗，宗从事指的是清茶用的茶帚，漆雕密阁指的是盛茶末用的盏托，陶宝文指的是茶盏，汤提点指的是注汤用的汤瓶，竺副师指的是调沸茶汤用的茶筅，司职方指提清洁茶具用的茶巾。

宋人的饮茶器具，尽管在种类和数量上，与唐代相比少了一些，但更加讲究法度，形制愈来愈精。如饮茶用的盏，注水用的执壶（瓶），炙茶用的钤，生火用的铫等，不但质地更为讲究，而且制作更加精细。

四、元代茶具

元代茶具从某种意义上说，无论是茶叶加工，还是饮茶方法，抑或是使用的茶具，都是上承唐、宋，下启明、清的一个过渡时期。

元代统治中国不足百年，在茶文化发展史上，找不到一本茶事专著，但仍可以从诗词、书画中找到一些有关茶具的踪影。在当时既有采用点茶法饮茶的，但更多是采用沸水直接冲泡散茶。

在元代采用沸水直接冲泡散形条茶饮用的方法已较为普遍，这不仅可在不少元人的诗作中找到依据，而且还可从出土的元代冯道真墓壁画中找到佐证。在图中，没有茶碾，当然也无须碾茶，再从采用的茶具和它们放置的顺序，以及人物的动作，都可以看出人们是在直接用沸水冲泡饮茶，而用于点茶的是影青的刻花执壶。

五、明代茶具

明代茶具，对唐、宋而言，可谓是一次大的变革，因为唐、宋时人们以饮饼茶为主，采用的是煎茶法或点茶法和与此相应的茶具。元代时，条形散茶已在全国范围内兴起，饮茶改为直接用沸水冲泡，这样，唐、宋时的炙茶、碾茶、罗茶、煮茶器具成了多余之物，而一些新的茶具品种脱颖而出。明代对这些新的茶具品种是一次定型，因为从明代至今，人们使用的茶具品种基本上无多大变化，仅仅在茶具式样或质地上有所变化。

另外，由于明人饮的是条形散茶，贮茶焙茶器具比唐、宋时显得更为重要。而饮茶之前，用水淋洗茶，又是明人饮茶所特有的，因此就饮茶全过程而言，当时所需的茶具，明代高濂《遵生八笺》中列了16件，另加总贮茶器具7件，合计23件。但其中很多与烧水、泡茶、饮茶无关，似有牵强凑数之感，这在明代文震亨的《长物志》中已说得很明白："吾朝"茶的"烹试之法"，"简便异常"，"宁特侈言乌府、云屯、苦节、建城等目而已哉。"明代张谦德的《茶经》中专门写有一篇"论器"，提到当时的茶具也只有茶焙、茶笼、汤瓶、茶壶、茶盏、纸囊、茶洗、茶瓶、茶炉8件。

不过，明代茶具虽然简便，但也有特定要求，同样讲究制法、规格，注重质地，特别是新茶具的问世，以及茶具制作工艺的改进，比唐、宋时又有大的进展。特别表现在饮茶器具上，最突出的特点是出现了小茶壶，另外茶盏的形和色也有了大的变化。

总的说来，与前代相比，明代有创新的茶具当推小茶壶，有改进的是茶盏，它们都由陶或瓷制成。在这一时期，江西景德镇的白瓷茶具和青花瓷茶具、江苏宜兴的紫砂茶具获得了极大的发展，无论是色泽和造型、品种和式样，都进入了穷极精巧的新时期。

六、清代茶具

清代，茶类有了很大的发展，除绿茶外，又出现了红茶、乌龙茶、白茶、黑茶和黄茶，形成了六大茶类。但这些茶的形状仍属条形散茶。

所以，无论哪种茶类，饮用仍然沿用明代的直接冲泡法。在这种情况下，清代的茶具无论是种类还是形式，基本上没有突破明人的规范。

清代的茶盏、茶壶，通常多以陶或瓷制作，以康熙乾隆时期最为繁荣，以"景瓷宜陶"最为出色。清时的茶盏，以康熙、雍正、乾隆时盛行的盖碗最负盛名。清代瓷茶具精品，多由江西景德镇生产，其时，除继续生产青花瓷、五彩瓷茶具外，还创制了粉彩、珐琅彩茶具。清代的江苏宜兴紫砂陶茶具，在继承传统的同时，又有新的发展。特别值得一提的是当时任溧阳县令、"西泠八家"之一的陈曼生，传说他设计了新颖别致的"八壶式"，由杨彭年、杨凤年兄妹制作，待泥坯半干时，再由陈曼生用竹刀在壶上镌刻文或书画，这种工匠制作、文人设计的"曼生壶"，为宜兴紫砂茶壶开创了新风，增添了文化氛围。乾隆、嘉庆年间，宜兴紫砂还推出了以红、绿、白等不同石质粉末施釉烧制的粉彩茶壶，使传统砂壶制作工艺又有新的突破。

此外，自清代开始，福州的脱胎漆茶具、四川的竹编茶具、海南的生物（如椰子、贝壳等）茶具也开始出现，自成一格，引人喜爱，终使清代茶具异彩纷呈，形成了这一时期茶具新的重要特色。

七、现代茶具

现代茶具，式样更新，名目更多，做工更精，质量也属上乘。在这众多质地的茶具中，贵的如金银茶具，廉的如竹木茶具，此外还有用玛瑙、水晶、玉石、大理石、陶瓷、玻璃、漆器、搪瓷等制作的茶具，数不胜数。

茶具的种类和产地

一、金属茶具

金属茶具是指由金、银、铜、铁、锡等金属材料制作而成的茶具。它是我国最古老的日用器具之一，早在公元前18世纪至公元前221年秦始皇统一中国之前的1500年间，青铜器就得到了广泛的应用，先人用青铜制作盘盛水，制作爵、尊盛酒，这些青铜器皿自然也可用来盛茶。自秦汉至六朝，茶作为饮料已渐成风尚，茶具也逐渐从与其他饮具共用中分离出来。大约到南北朝时，我国出现了包括饮茶器皿在内的金银器具。到隋唐时，金银器具的制作达到高峰。20 世纪 80 年代中期，陕西省扶风县法门寺出土的一套由唐僖宗供奉的鎏金茶具，可谓是金属茶具中罕见的稀世珍宝。但从宋代开始，古人对金属茶具褒贬不一。贮茶锡罐从元代以后，特别是从明代开始

铜茶壶

出现。随着茶类的创新，饮茶方法的改变，以及陶瓷茶具的兴起，才使包括银质器具在内的金属茶具逐渐消失，尤其是用锡、铁、铅等金属制作的茶具，用它们来煮水泡茶，被认为会使茶味走样以致很少有人使用。但用金属制成贮茶器具，如锡瓶、锡罐等，却屡见不鲜。这是因为金属贮茶器具的密闭性要比纸、竹、木、瓷、陶等好，具有较好的防潮、避光性能，这样更有利于散茶的保藏。因此，用锡制作的贮茶器具，至今仍流行于世。

二、瓷器茶具

瓷器茶具的品种很多，其中主要的有：青瓷茶具、白瓷茶具、黑瓷茶具和彩瓷茶具。这些茶具在中国茶文化发展史上，都曾有过辉煌的一页。

1. 青瓷茶具

青瓷茶具以浙江生产的质量最好。早在东汉时，已开始生产色泽纯正、透明发光的青瓷。晋代浙江的越窑、婺（wù）窑、瓯窑已具相当规模。宋代，作为当时五大名窑之一的浙江龙泉哥窑生产的青瓷茶具，已达到鼎盛时期，远销各地。明代，

宋代青瓷菊瓣纹小碗

青瓷茶具更以其质地细腻，造型端庄，釉色青莹，纹样雅丽而蜚声中外。16 世纪末，龙泉青瓷出口法国，轰动整个法兰西，人们用当时风

靡欧洲的名剧《牧羊女》中的女主角雪拉同的美丽青袍与之相比，称龙泉青瓷为"雪拉同"，视之为稀世珍品。当代，浙江龙泉青瓷茶具又有新的发展，不断有新产品问世。这种茶具除具有瓷器茶具的众多优点外，因色泽青翠，用来冲泡绿茶，更有益汤色之美。不过，用它来冲泡红茶、白茶、黄茶、黑茶，则易使茶汤失去本来面目，似有不足之处。

2. 白瓷茶具

白瓷茶具具有坯质致密透明，上釉、成陶火度高，无吸水性，音清而韵长等特点。因色泽洁白，能反映出茶汤色泽，传热、保温性能适中，加之色彩缤纷，造型各异，堪称饮茶器皿中之珍品。早在唐代时，河北邢窑生产的白瓷器具已"天下无贵贱通用之"。唐朝白居易还作诗盛赞四川大邑生产的白瓷茶碗。元代，江西景德镇白瓷茶具已

明代永乐窑甜白釉14三系把壶

远销国外。如今，白瓷茶具更是面目一新。这种白釉茶具，适合冲泡各类茶叶。加之白瓷茶具造型精巧，装饰典雅，其外壁多绘有山川河流，四季花草，飞禽走兽，人物故事，或缀以名人书法，又颇具艺术欣赏价值，所以，使用最为普遍。

3. 黑瓷茶具

黑瓷茶具始于晚唐，鼎盛于宋，延续于元，衰微于明、清。这是因为自宋代开始出现。饮茶方法已由唐时煎茶法逐渐改变为点茶法，而宋代流行的斗茶，又为黑瓷茶具的崛起创造了条件。宋人衡量斗茶的效果，一看茶面汤花色泽和均匀度，以鲜白为先；二看汤花与茶盏相接处水痕的有无和出现的迟早，以盏无水痕为上。时任三司使给事中的蔡襄，在他的《茶录》中就说得很明白："视其面色鲜白，著盏无水痕为绝佳；建安斗试，以水痕先者为负，耐久者为胜。"而黑瓷茶具，正如宋代祝穆在《方舆胜览》中说的："茶色白，入黑盏，其痕易验。"所

宋代吉州窑黑瓷木叶纹茶盏

以，宋代的黑瓷茶盏，成了瓷器茶具中的最大品种。福建建窑、江西吉州窑、山西榆次窑等，都大量生产黑瓷茶具，成为黑瓷茶具的主要产地。黑瓷茶具的窑场中，建窑生产的建盏最为人称道。蔡襄在《茶录》中这样说："建安所造者……最为要用。出他处者，或薄或色紫，皆不及也。"建盏配方独特，在烧制过程中使釉面呈现兔毫条纹、鹧鸪斑点、日曜斑点，一旦茶汤入盏，能放射出五彩纷呈的点点光辉，增加了斗茶的情趣。明代开始由于烹点之法与宋代不同，黑瓷建盏因为不适用，所以只作为备用。

4. 彩瓷茶具

彩色茶具的品种花色很多，其中尤以青花瓷茶具最引人注目。它的特点是花纹蓝白相映成趣，有赏心悦目之感；色彩淡雅幽菁可人，有华而不艳之力。加之彩料之上涂釉，显得滋润明亮，更平添了青花茶具的魅力。直到元代中后期，青花瓷茶具才开始成批生产，特别是景德镇，成了我国青花瓷茶具的主要生产地。由于青花瓷茶具绘画工艺水平高，特别是将中国传统绘画技法运用在瓷器上，因此这也可以

清代粉彩金地莲花纹盖碗

说是元代绘画的一大成就。明代景德镇生产的青花瓷茶具，诸如茶壶、茶盅、茶盏，花色品种越来越多，质量愈来愈精，无论是器形、造型、纹饰等都冠绝全国，成为其他生产青花茶具窑场模仿的对象。清代，特别是康熙、雍正、乾隆时期，青花瓷茶具在古代陶瓷发展史上，又进入了一个历史高峰，它超越前朝，影响后代。康熙年间烧制的青花瓷器具，更是史称清代之最。综观明、清时期，由于制瓷技术提高，社会经济发展，对外出口扩大，以及饮茶方法改变，都促使青花茶具获得了迅猛的发展，当时除景德镇生产青花茶具外，较有影响的还有江西的吉安、乐平，广东的潮州、揭阳、博罗，云南的玉溪，四川的会理，福建的德化、安溪等地。此外，全国还有许多地方生产土青花茶具，在一定区域内，供民间饮茶使用。

三、紫砂茶具

紫砂茶具，由陶器发展而成，是一种新质陶器。它始于宋代，盛于明清，流传至今。苏轼诗云："银瓶泻油浮蚁酒，紫碗莆粟盘龙茶。"这是诗人对紫砂茶具赏识的表达。但从确切有文字记载而言，紫砂茶具则创造于明代正德年间。

今天紫砂茶具是用江苏宜兴南部及其毗邻的浙江长兴北部埋藏的一种特殊陶土，即紫金泥烧制而成的。这种陶土，含铁量大，有良好的可塑性，烧制温度以 $1150℃$ 左右为宜。优质的原料，天然的色泽，为烧制优良紫砂茶具奠定了物质基础；宜兴紫砂茶具之所以受到茶人的钟情，除了这种茶具风格多样，造型多变，富含文化品位，在古代茶具世界中别具一格外，还与这种茶具的质地适合泡茶有关。后人称紫砂茶具有三大特点，就是泡茶不走味，贮茶不变色，盛暑不易馊。

目前我国的紫砂茶具，质量以产于江苏宜兴的为最佳，与其毗邻的浙江长兴亦有生产。"方非一式，圆不相同"，就是人们对紫砂茶具器形的赞美。一般认为，一件好的紫砂茶具，必须具有三美，即造型美、制作美和功能美，三者兼备方称得上是一件完善之作。

南瓜形壶

四、漆器茶具

采割天然漆树液汁进行炼制，掺进所需色料，制成绚丽夺目的器件，这是我国先人的创造发明之一。我国的漆器起源久远，在距今约7000年前的浙江余姚河姆渡文化中，就有可用来作为饮器的木胎漆碗，但尽管如此，作为供饮食用的漆器，包括漆器茶具在内，在很长的历史发展时期中，一直未曾形成规模生产。特别自秦汉以后，有关漆器的文字记载不多，存世之物更属难觅，这种局面，直到清代开始，才出现转机，由福建福州制作的脱胎漆器茶具日益引起了人们的注目。

脱胎漆茶具的制作精细复杂，先要按照茶具的设计要求，做成木胎或泥胎模型，其上用夏布或绸料以漆裱上，再连上几道漆灰料，然后脱去模型，再经填灰、上漆、打磨、装饰等多道工序，才最终成为古朴典雅的脱胎漆茶具。脱胎漆茶具通常是一把茶壶连同四只茶杯，存放在圆形或长方形的茶盘内，壶、杯、盘通常呈一色，多为黑色，也有黄棕、棕红、深绿等色，并融书画于一体，饱含文化意蕴；且轻巧美观，色泽光亮，明镜照人；又不怕水浸，能耐温、耐酸碱腐蚀。脱胎漆茶具除有实用价值外，还有很高的艺术欣赏价值，常为鉴赏家所收藏。

五、竹木茶具

隋唐以前，我国饮茶虽渐次推广开来，但属粗放饮茶。当时的饮茶器具，除陶瓷器外，民间多用竹木制作而成。陆羽在《茶经·四之器》中列出的 28 种茶具，多数是用竹木制作的。这种茶具，来源广，制作方便，对茶无污染，对人体又无害，因此，自古至今，一直受到茶人的欢迎。但缺点是不能长时间使用，无法长久保存，失去文物价值。只是到了清代，在四川出现了一种竹编茶具，它既是一种工艺品，又富有实用价值，主要品种有茶杯、茶盅、茶托、茶壶、茶盘等，多为成套制作。

竹编茶具由内胎和外套组成，内胎多为陶瓷类饮茶器具，外套用精选慈竹，经劈、启、揉、匀等多道工序，制成粗细如发的柔软竹丝，经烤色、染色，再按茶具内胎形状、大小编织嵌合，使之成为整体如一的茶具。这种茶具，不但色调和谐，美观大方，而且能保护内胎，减少损坏；同时，泡茶后不易烫手，并富含艺术欣赏价值。因此，多数人购置竹编茶具，不在其用，而重在摆设和收藏。

六、玻璃茶具

唐代琉璃茶具

玻璃，古人称之为琉璃，实是一种有色半透明的矿物质。用这种材料制成的茶具，能给人以色泽鲜艳、光彩照人之感。我国的琉璃制作技术虽然起步较早，但直到唐代，随着中外文化交流的增多，西方琉璃器的不断传入，我国才开始烧制琉璃茶具。陕西扶风法门寺地宫出土的由唐僖宗供奉的素面圈足淡黄色琉璃茶盏和素面淡黄色琉璃茶托，是地道的中国琉璃茶具，虽然造型原始，装饰简朴，质地一般，透明度低，但却表明我国的琉璃茶具唐代已经起步，在当时堪称珍贵之物。近代，随着玻璃工业的崛起，玻璃茶具很快兴起，这是因为，玻璃质地透明，光泽夺目，可塑性大，因此，用它制成的茶具，形态各异，用途广泛，加之价格低廉，购买方便，而受到茶人好评。

七、搪瓷茶具

搪瓷茶具以坚固耐用，图案清新，轻便耐腐蚀而著称。它起源于古代埃及，以后传入欧洲。但现在使用的铸铁搪瓷始于19世纪初的德国与奥地利。搪瓷工艺传入我国，大约是在元代。明代景泰年间（1450～1456年），我国创制了珐琅镶嵌工艺品景泰蓝茶具，清代乾隆年间（1736～1795年）景泰蓝从宫廷流向民间，这可以说是我国搪瓷工业的肇始。我国真正开始生产搪瓷茶具，是20世纪初的事，至今已有70多

年的历史。在众多的搪瓷茶具中，包括洁白、细腻、光亮，可与瓷器媲美的仿瓷茶杯；有饰有网眼或彩色加网眼，且层次清晰，有较强艺术感的网眼花茶杯；式样轻巧、造型独特的鼓形茶杯和蝶形茶杯；能起保温作用，且携带方便的保温茶杯；以及可作放置茶壶、茶杯用的加彩搪瓷茶盘，受到不少茶人的欢迎。但搪瓷茶具传热快，易烫手，放在茶几上，会烫坏桌面，加之"身价"较低，所以，使用时受到一定限制，一般不作居家待客之用。

茶具欣赏

清代雍正年间宜兴窑紫砂黑漆描金彩绘方壶　　　明代宜兴窑时大彬款紫砂胎雕漆四方壶

清代雍正年间宜兴窑紫砂柿蒂扁圆壶

清代乾隆年间宜兴窑紫砂绿地描金瓜棱壶

清末宜兴窑玉麟款树瘿壶

清代光绪年间宜兴窑提梁壶

清代乾隆年间紫檀竹皮包镶手提式茶炉和六方壶

清代乾隆年间宜兴窑紫砂黑漆描金吉庆有余壶

清代乾隆年间宜兴窑描金彩绘天鸡尊

明代宜兴窑仿钧天蓝釉凫式壶